正誤表

このたびは、『医療にお金をかけない生き方』をご購入いただきまして、ありがとうございます。誠に申し訳ございませんが、本書において、以下の誤りがございました。訂正して深くお詫び申し上げます。

・32ページ　10行目
［誤］抗炎症性　↓　［正］炎症性

・２００ページ
［誤］89か月　↓　［正］34か月

・２０４ページ　7行目
［誤］発生した獲得免疫　↓　「正」発達した獲得免疫

医療にお金をかけない生き方

食べ物と統合医療で
「健康長寿」を実現する

恵クリニック院長
韓 啓司
Kan Keiji

東洋出版

はじめに

大金を使ってでも病気を排除しようとする現代医学

医師の仕事とは、「病気やけがを治すことである」。100人の医師がいれば、まず99人はそう答えるでしょう。

医師ではない一般の人々も、大半はそのように思っているはずです。

最近は、何人もの医師をスタジオに招いたバラエティ番組もよく見かけます。そうしたテレビ番組では、「いかにして病気を治すか」という話がメインテーマ。いうまでもなく、病気を治す医師こそが、「名医」としてもてはやされています。

そして、治療が高度になればなるほど、莫大なお金がかかる。

ご存じのように、わが国の総医療費は、毎年、天井知らずに上昇。ついには、国家財政を圧迫するまでになっています。当然、家計に与える影響も、今後ますますひどくなることが予想されます。

確かに、「病気を治す医師は、名医である」という話にウソはありません。けれども、じつをいうと、私はちょっと違った考えをもっています。ほんとうの名医とは、たんに病気を治すだけではない。

もっといえば、どうすれば病気にならない体を得られるのか、健康な体でいられるのか、その方法を教えてくれる医師こそが、真の意味での名医なのだと考えています。

つまり、医学の究極の目的とは、たんに病気を治すことに限らない。そこから一歩進んで、病気にならない体をつくることだと思っているのです。

どうして私がそのような考えをもつに至ったのか、それは私自身の体験によるところが、大きく関係しています。

じつは私自身、子どもの頃から、たいへん体が弱かったのです。幼少時から、風邪をひいては熱を出しました。お腹をこわしたりするのは、しょっちゅうのこと。胃腸が弱く、いくら食べても太れないやせっぽちでした。

乗り物酔いも激しくて、バスや電車で出かける遠足など、楽しいよりも吐き気とのたたかいで、つらい思い出のほうが多いくらいです。

また、熱が出れば出たで扁桃腺《へんとうせん》をはらし、病院でのどの消炎剤「ルゴール」を塗られてはまたトイレへ駆け込むといったぐあい。

ですから、私の子ども時代は、楽しい思い出ももちろんたくさんあるはずなのですが、なんだかいつも熱を出して寝込んでいたり、トイレでフラフラになりながら嘔吐とたたかっていたといったぐあいで、悲しいかなろくな思い出がありません。

大人になってからは、どうやら標準の体格に仲間入りしましたが、早生まれのせいもあって、幼少の頃は、小柄で顔色の悪い、神経質な「線の細い」子どもでした。いったいどうしたら、風邪をひかない丈夫な体になれるのか。それが、子どもの頃からの最大の関心事であり、願いでもありました。

そんなわけで、中・高校生ともなると、いつも胃薬は手放せず、「アリナミン」や「グロンサン」、「ワカモト」なども常用していました。

風邪薬の飲み方に至っては、もはやプロ級といってよいほど。市販の風邪薬を、症状に合わせ、どのように組み合わせて飲んだらいちばん効きめがあるか、自分の体を使っていろいろ「研究」を重ねていました。

高校時代には、すでに市販の風邪薬と抗生物質とを併用すれば早く治るということを、身をもって実証していたほどです。

スポーツをして体を鍛えれば健康になれるのではないかと考えて、マラソンや筋力トレーニングに励んだりしたこともありました。自分なりの健康法や薬の飲み方についていつも考えている。いってみれば、「健康オタク」な少年期を送っていたというわけです。

そうしたところから、大学で医学を学べば、健康になる方法を教えてもらえるのではないか。そして、医学部を卒業して医師ともなった暁には、自分の健康くらいは自分で守れるようになるのではないかと考えていました。

そんなころ、まだ私が中学生だったとき。5歳だった妹が、おりしも抗生物質が世に出る直前の頃でしたが、赤痢にかかって、点滴を受けることもなく、たった一晩でなすすべもなく逝ってしまいました。

また、商売を手広くやっていた父親が、いつも人助けに奔走していて、その姿がどこか「赤ひげ」に重なって見えたことも、影響していたのでしょう。

でも、その根底には、まずは自分自身が健康になりたい――。それが、私が医師を志した最大の理由でした。

ところが、実際に医学部に入ってみると、そうした私のあては大きくはずれました。医学部では、病気の治し方は教えてくれても、病気にならない方法について教えてくれる授業などはなかったのです。

健康とは何か。お金のあるなしにかかわらず、すべての人の健康を増進するためにはどうすればいいのか。

私の学びたかったことは、現代医学に立脚する医学部の授業では、ついぞ教えてはもらえませんでした。

つまり、現代医学とは、あくまでも「治療」の医学なのです。

高額な医療機器を使って病気を見つけだし、どんなにお金がかかろうと、最新の技術を駆使して速やかに排除する。それこそが、現代医学の神髄だといってもいいでしょう。

そうした現代の医学観に基づいた最たる治療法が、いまのガンにおける化学療法です。抗生物質や抗ガン剤を使って、いち早く「敵」をやっつけることが最優先される。もちろん、それらの薬は高価です。

手術は、まさにそうした敵をいかに完全に排除するかが、最大の目的となります。

必要なのは日常生活での「健康」の守り方

現在われわれが抱いている技術とお金頼みの医学観を、このあたりで根本的に変えていかなければならない時期に入っているのは明らかです。

病気を治すことがだいじなのではありません。それより前に、まずは病気にならない体をつくる。すなわち、健康を守るためにはどうしたらいいか。

それを実現するのが「予防医学」であり、「代替医療」です。

われわれは、あまりにも便利で、物質的に豊かな生活に依存しすぎてきました。お金さえ出せば、いつでも、どこでも、何でも手に入れられるし、食べられる。

もはや冷房も冷蔵庫もない生活に戻ることはできないとしても、せめてレトルト食品を減らすとか、農薬や殺虫剤、化学肥料や遺伝子組み換え作物など、化学物質や新技術によって、これ以上、自然破壊をするようなことはやめるように考えていきましょう。

そうした自然環境の破壊が、ひいては、われわれ自身の体内環境の破壊につながっていることを、もっと自覚するべきです。

自然治癒力、自己治癒力、すなわちもともと人間に備わっている「健康力」というものを無視し、多額のお金を使ってでも科学技術を用いて病気を取り去れば、健康になれる――。そのような考え方は、いまや限界にきているのだと思い知るべきです。

「不老長寿」というのは、健康寿命を延ばすこと。「健康寿命」、「健康長寿」を延ばすことです。

私の理想の医学も、まさにそのことを目標としたもので、自然治癒力、免疫力を向上させて、健康寿命を延ばすことです。

それが究極の予防医学であって、病気になる前に治療を始めたら、病気は予防できるでしょう。しかも、お金のあまりかからない方法がベストなのは、いうまでもありません。

西洋医学は、あくまで「発症した病気を治す」手段という考えのもとに発展してきました。それに対して、伝統医学というのは、「健康を守る」医学です。

今後求められるのは、病気たたきをする医療ではなくて、いまは「代替医療」と呼ばれているものをうまく融合して、健康を増進するための「先制医療」や「予防医学」。いわば、「病気にならない医療」を目指すべきだと私は考えています。

まずは、「食養生」から始めましょう。

そうして誰もが自然に還り、「医食同源」の思想に基づいた生活をすることによって、びっくりするような大金をかけずとも、自分の健康は自分で守れるようになるのです。

みなさんも、ご自分の中の自然を回復させていきましょう。

2013年8月10日

韓　啓司

医療にお金をかけない生き方◉

目次

はじめに　001
大金を使ってでも病気を排除しようとする現代医学……001
必要なのは日常生活での「健康」の守り方……006

序章　お金のかからない「健康長寿」がすべての人の願い　017
天井知らずの総医療費……019
夢は「健康長寿」……020

第1章　半病人ばかりになってしまった現代の日本人　025
「健康長寿」最大の敵は動脈硬化……027
すべての病気は「炎症反応」……030
「いい免疫」と「悪い免疫」……034
増加の勢いが止まらない高血圧症患者……036
子どもにまで広がる糖尿病……040
恐ろしいのは合併症……042
骨粗鬆症がもたらす肩こりや腰痛……045
現代病の最たるもの、「アレルギー」……049

第2章 技術が高度化しても病気を克服できない現代医療 053
「敵を駆逐する」という誤った考え方……055
ストレスと生体リズムの乱れが病気をもたらす……058
人々の免疫力が弱ってきている……064
楽しく、笑って日々を過ごす……068
食べ物のもつ「薬効」を見直す……072
生活に自然のリズムを取り戻す……075

第3章 「統合医療」が医者要らずの体をつくる 079
健康へのキーワードは「免疫力」……081
腸内環境を改善する……085
「自然免疫系」と「獲得免疫系」……087
長寿を支えてきた伝統食……092
健康こそ人生で最もだいじなもの……098
治療の医学から予防の医学へ……100
理想的なのは「統合医療」……105

第4章　日常生活のなかで予防するのが、東洋医学の神髄　109

「未病」のうちに治してしまう……111
対症療法としてすぐれている現代医学……116
根底にある「医食同源」の思想……120
体のバランスの乱れが病気を生む……122
すべての植物は「薬の宝庫」……125
中国の古典に学ぶ食べ物の知恵……128
体質に合った食べ物をとる……134
食材と体の関係を表す「帰経」……135

第5章　日々口にする食べ物のもつ「薬効」を利用する　139

病気になる人、ならない人の差……141
安売りの旬の食べ物が体にいいわけ……145
暑い夏には「陰」を補う……148
キムチを欠かせない韓国の食卓……151
韓国料理は、そのまま薬膳料理……157
ガンも食べ物で予防できる……159

古代から重用されてきた「キチン・キトサン」……164

最終章 医療にお金をかけずに「健康長寿」をまっとうする 171

自然の法則に従った生き方が一番……173
命を養う食べ物をとる……175
みずからのガン克服で学んだこと……181
サプリメントの併用が命を救ってくれた……184
治療効果を臨床の現場で確かめる……187
心の病まで癒してくれる「キトサン」……193
「長寿」と「健康」をかえって安く実現……196

参考図書……199

おわりに 204

カバーデザイン　熊澤正人
本文デザイン　村奈諒佳（POWER HOUSE）
組　　版　日本ハイコム
編集協力　服部みゆき・梶原光政
編　　集　秋元麻希（東洋出版）

医療にお金をかけない生き方

序章

お金のかからない「健康長寿」がすべての人の願い

天井知らずの総医療費

よく知られているように、ガンや糖尿病などに代表される現代病の多くは、「生活習慣病」といわれるものです。

喫煙や飲酒の習慣、食べすぎに働きすぎ、そしてなによりも自然の法則から離れた高度に発達した科学文明によってもたらされた現代のライフスタイルそのものが、それらの病気の最大の原因です。

現在わかっているだけで、人間がかかる病気には、何万、何十万もの種類があります。つまり、これから取り上げていく生活習慣病は、人類が長い時間をかけて築いてきた、高度に発達した文化的な生活がもたらした副産物だというわけです。

いまこそわれわれは、こうしたことを、もっとしっかりと認識すべき時代に来ているように思います。

現在、日本の年間の総医療費は推計で40兆円を超えていますが、厚労省の試算では、25年後までには、70兆円に達するだろうと予測されています。

中でも深刻なのは、75歳以上の「後期高齢者」の年間の医療費で、２０１３年には、12兆円にも及ぶ勢いです。

つまり、現代医学の力のみでは、もはや、こうした事態には、対処しきれないのではないか。はっきりいってしまえば、年々増加する病気をいまのまま、西洋医学に基づいた治療医学のみで対処していくならば、厚労省の予測どおりになってしまうことをみすみす認めざるをえなくなるでしょう。

では、いったいどうしたらよいのか。それが、本書の大きなテーマでもあります。

夢は「健康長寿」

「もっと健康な体になりたい」——。そんな思いを抱いて医学部に入った私が医者となって、ことしで47年、およそ半世紀を医者として生きてきたことになります。そして、この50年近くの間に、日本の医学界も大きく変貌を遂げてきました。

戦後、経済の高度成長を背景に、衣食住の改善と現代医学の進歩により、日本人の平均寿命は、男性79歳、女性は86歳を超え、世界に冠たる長寿大国にのし上がってきました。

そうした長寿大国ニッポンの医学界が、いま、ガン制圧と並んで、もっとも注力しているのが、いかにして「健康長寿」を得られるかという研究です。

寿命には、ただの寿命と健康寿命とがあります。

ベッドの上で、もはや意識もなく、チューブだらけにされる延命治療を受けながら、虫の息の命を長らえさせているような状態であろうとも、それはまだ医学的には生きているとみなされる。「寿命」が続いているわけですね。

そうではなくて、同じ長寿を誇るのであれば、何歳になっても自分の足で立って歩き、おいしくご飯をいただいて、多少は老人特有のもの忘れなどが見られたとしても、日常生活には支障なく、そして、なにより毎日を明るく楽しく生きることができたなら、どんなにかいいでしょう。同じ長生きをするのであれば、それが理想です。

誰もが願うそうした状態をキープすること、それが、私たちが望む健康寿命のあり方です。

いくら平均寿命が延び、百寿者も年々増加しているとはいえ、じつは、その8割は寝たきり状態。

もっといえば、臨終までの最後の10年間ほどを、ベッドの上で過ごす。あるいは寝たきりとまではならなくても、認知症を患って、自分のことも肉親のこともわからないような状態となってしまうケースが、近年、ますます増加、社会問題化しています。

最後の日を迎えるまで、心身とも元気に健康で過ごすことができれば、それ以上の幸せはないでしょう。けれども、実際には、日本人の健康寿命のほうはというと、男性72歳、女性78歳という数字が出ています。

100歳まで長生きできたとしても、寝たきり状態であっては、本人にとっても家族にとっても、それは喜びや楽しみよりもむしろ苦痛のほうが大きいかもしれない、たいへんなことです。

同じ長生きをするのであれば、最後の日まで、よくいわれるように「ピンピンコロリ」で逝きたいというのは、誰もが願うところです。寝たきりになってしまっては、介護にかかる費用ばかりでなく、家族をはじめとするたくさんの人たちのお世話にならざるをえず、まさに「生きた心地がしない」にちがいありません。

次章からは、私が医学生時代から数えて、50年余りをかけて研究してきた「医者要らずの体になる」健康法をはじめとして、読者のみなさんに健康を考えるうえで、知っておいていただきたいことを、お伝えしていきましょう。

第1章

半病人ばかりになってしまった現代の日本人

「健康長寿」最大の敵は動脈硬化

血液は、全身にくまなく栄養と酸素を供給するという、人体の中でも最も重要な働きをしています。

この血液を頭のてっぺんから、指先、足の先まで、全身に供給するための血管を、一直線に伸ばしてみたら、いったいどれくらいになるでしょう。なんと距離にして、約10万キロメートル、地球2まわり半の長さにもなるそうですから、驚きですね。

ところで、野生動物の死因の大部分は老衰だといわれています。けれども、現代人では、老衰は死因の数パーセントにすぎません。

老衰による死は、医学的には「全身の動脈硬化のために、あらゆる臓器に十分な酸素と栄養が供給されないために、全臓器不全になること」とされています。

ということは、仮に、全身への血流を十分に保ちつづけられれば、人はその全組織の細胞が寿命を終えるときまでは、生きつづけることができる、というわけです。

ちなみに、人間の臓器の細胞の寿命は、通常125歳だといわれています。つまり、誕生とともに動きはじめた生命時計は、満125歳までは、細胞の再生、維持が可能だということです。この生命時計の時間の長さは、染色体の一部、「テロメア」の長さでわかるといいます。

つまり、長生きは正常な細胞分裂を続け、血管の健康状態をいかに保つか、ということにかかっているともいえるでしょう。

ところが実際には、血管の老化である動脈硬化は、ガンに次いで、わが国の病気による死亡原因の第2位、第3位を占める心疾患と脳血管疾患をひき起こしています。1位のガンと合わせると、なんと病死の三分の二をも占めているのです。

心疾患、脳血管疾患の最大の原因ともなるこの動脈硬化とはどのようなものなのか、もう少し詳しく述べていきましょう。

血管の中でも太い動脈は、「内膜」「中膜」「外膜」の三層からできています。この中膜の部分に「コレステリン」という過酸化脂質が蓄積することによって、血管の内腔が狭くなってしまいます。

コレステリンは「活性酸素」と結合して、人体に有害な「過酸化脂質」になります。これが蓄積すると、排除しようとする免疫反応が起こるわけですが、その結果、コレステリンが石灰化してしまいます。これが「動脈硬化」といわれる状態です。

各臓器内に分布する動脈はだんだん細くなり、細小動脈になります。この血管が動脈硬化によって詰まってしまうと、脳血栓や心筋梗塞をひき起こしてしまうわけです。

また、血液中には「悪玉コレステロール」といわれるLDLコレステロールがあります。これは活性酸素により、前述の過酸化脂質になるものです。

つまり、動脈硬化になる根本の原因には、活性酸素があるわけです。

喫煙者が動脈硬化やガンになりやすいことは、みなさんよくご存じでしょう？

これは、喫煙によって血管内に活性酸素が発生してしまうことが、最大の原因です。

さらに、現代人の生活のなかには、化学物質や精神的なストレスがあふれていますが、これも活性酸素の発生原因になります。

野生の動物は、人間のように若くしてガンや心筋梗塞、脳卒中で命を落とすということはありません。それは、野生の動物が、自然のままの生き方をしているからです。

人間は、便利で物質的に豊かな生活を追求するあまり、自然の摂理に反した身勝手な生き方を長く続けてきました。その結果、野生動物には見られない動脈硬化をはじめとする生活習慣病をまねいたのだと考えられます。

動脈硬化は、とくに悪い食習慣、運動不足、ストレスの3点によってひき起こされます。逆にいえば、この3点を改善すれば、動脈硬化になりにくいともいえるでしょう。

すべての病気は「炎症反応」

たとえば、切り傷ややけどの場合、その該当する部分が、炎症を起こしている「炎症反応」だということは、みなさんもおわかりになるでしょう。

最近の研究によると、動脈硬化も炎症反応だということが明らかになりました。

普通は炎症反応が起こることによって、治癒への第一歩が始まるわけですが、それが治癒の方向へは行かず、炎症反応がいつまでも続く場合を、「慢性炎症」といいます。つまり、言い換えると、大部分の病気は、「慢性炎症」だというわけです。

もともと、動脈硬化というのは、血液中にある活性酸素や悪玉コレステロールに対してのたたかい、すなわち炎症反応を起こしている。それが急性の場合は、高熱が出たり、痛みが出たりするのですね。

動脈硬化は炎症反応

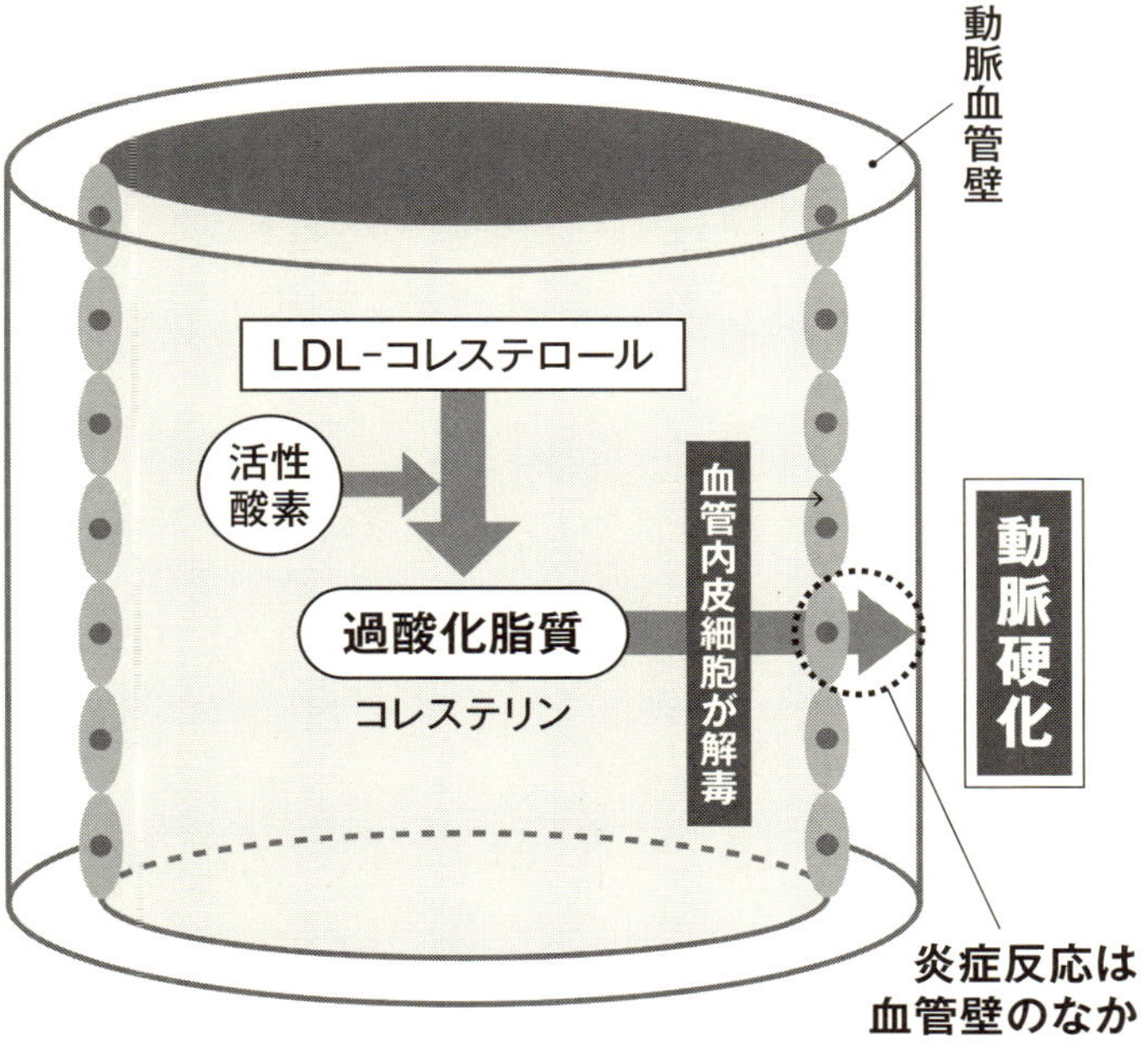

● 血管内皮細胞が解毒するとき、炎症反応を起こす。

ところが慢性の場合には、症状が軽いために、痛みや熱などの自覚症状を伴わないまま、慢性化していきます。動脈硬化は、その最たるものです。

アルツハイマー病も、炎症反応だと考えられます。これはアミロイドという余計なタンパク質が脳神経細胞内にたまることによって起こるのですが、それがアルツハイマー病の原因なのか結果なのかについては、今後の研究が待たれるところです。いずれにしても、このアミロイドというタンパク質が、炎症反応の副産物であるということは、確かでしょう。

同様に、ガンも炎症反応といえます。

慢性炎症のあるところでは、免疫反応が起こっています。たとえば、「インターロイキン17」という抗炎症性のサイトカイン（微量生理活性タンパク質で、細胞から放出されて種々の細胞間情報伝達分子となる）があるわけですが、それがあるところではガンが増殖しやすいというデータが出ています。

炎症反応から治癒反応に至るすべてのプロセスにおいて、免疫反応が大きくかかわっているのです。

慢性の炎症が病気のもと

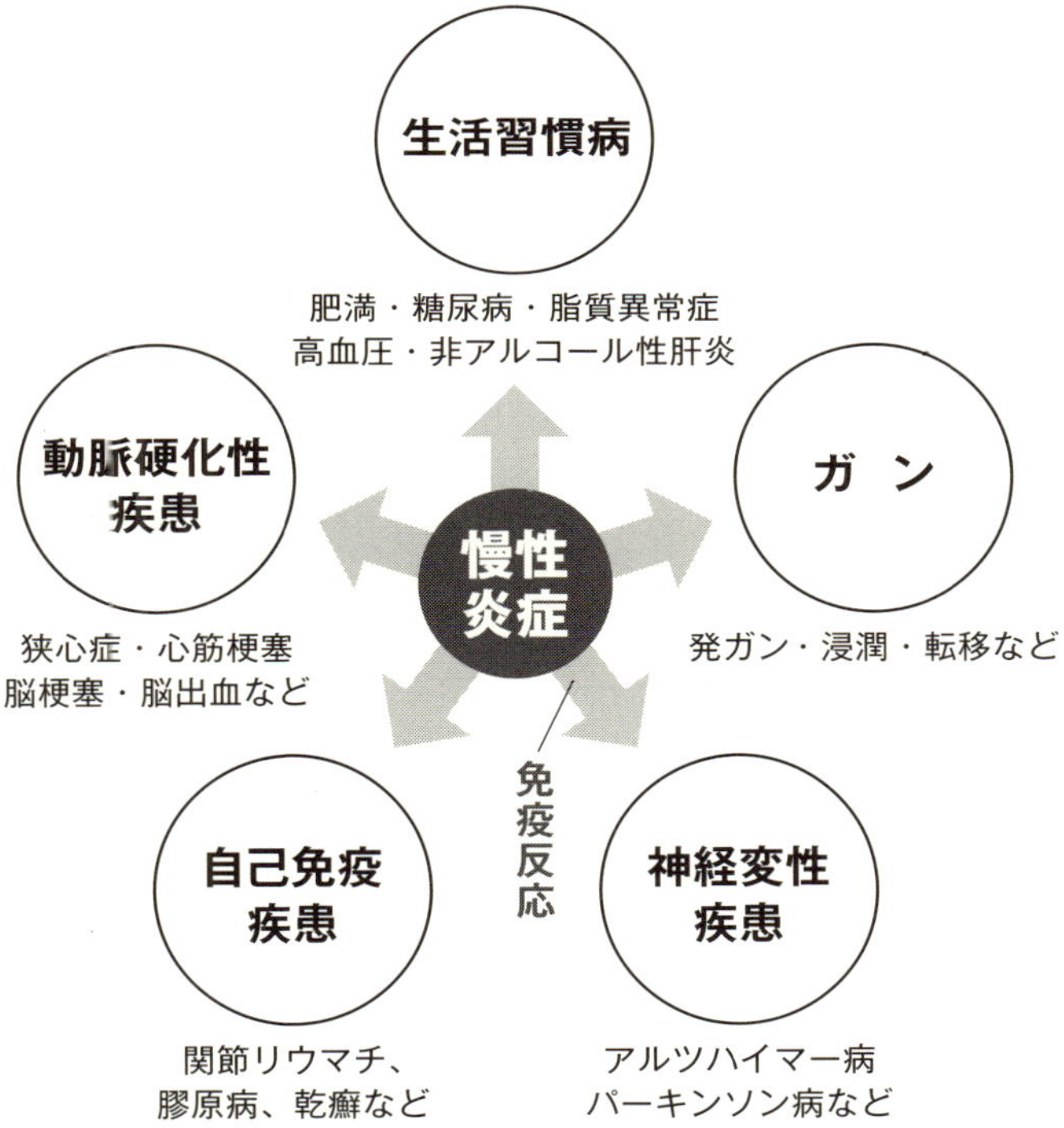

● 慢性炎症があるところでは、免疫反応が起きている。

「いい免疫」と「悪い免疫」

免疫には、私たちの体にもともと備わっている「自然免疫」と呼ばれるものと、感染症や予防注射、ガンワクチンなどによって、後天的に得られる「獲得免疫」という二つの免疫系があります。

自然免疫の大本になっているのは、白血球です。この白血球の中には、「顆粒球《かりゅう》」というものがあり、それがばい菌やウイルスなど、外から入ってくる異物とたたかってくれます。

傷口からばい菌が入ると化膿したり、赤く腫れあがったりしますね。やけどなどもそうですが、そうした部位を医者に診せると、まず、その悪い部分の傷を一回、剥ぎ取って、いい傷が盛り上がってくるようにするでしょう。こうしたほうが治りが早いからですが、ようは白血球が、損傷した部分の組織をすみやかに、壊すのを助けるわけです。

そうやって治っていくのは、自然治癒力の働きによります。

傷が治るまでには、膿が出たり、赤く腫れ上がって、熱をもったりしますが、こうした炎症反応は、軽い傷の場合には、体に何も反応が起こらずに、ケリがつくこともあります。傷が軽ければ、白血球の中の顆粒球の働きによって、勝負は簡単につきます。

ところが、それがいつまで経っても治らずに、長びく場合があります。それは自然治癒力が弱まっていたり、自然免疫から獲得免疫への移行がスムーズに進まないことによって起こるもので、その最たるものがガンになります。

ガンというのは、もともとは正常だった細胞がガン化したものです。

このガン化した細胞は、ＮＫ細胞がやっつけてくれるわけですが、このＮＫ細胞も自然免疫系に属します。

私たちの体は、一日に３００億個の細胞が入れ替わっているといわれています。このうち、ガン化するのが、一日に３０００個から１０００万個くらい。３００億個の細胞が入れ替わっているうち、たとえば放射線や活性酸素などによって遺伝子に傷がついたりすることによって、それくらいの割合で、異常細胞ができてしまうわけです。

それをＮＫ細胞が、毎日、せっせと、いわば正常な細胞のコピーミスである、不良品のガン細胞を取り除いてくれています。

ところが、このNK細胞の働きが弱くなると、不良品を取り除くことができずに、そこからガン化が始まります。

ガンに限らず、アレルギーや膠原病、リウマチなども、自然免疫系の異常によって起こるということが、最近の研究でわかってきました。また、リンパ球が少なくて顆粒球が多い場合も、上記のような病気をひき起こすわけですが、これは、バランスの異常が関係しています。

つまり、免疫にも「いい免疫」と「悪い免疫」とがあって、バランスがだいじだということです。

増加の勢いが止まらない高血圧症患者

血圧は健康のバロメーターの一つになっていますが、高血圧症も、生活習慣病の代表的なものです。

血圧とは、血液を心臓のポンプ作用によって全身にめぐらせるための圧力のことで、血圧には、心臓が収縮したときの「最高血圧」と心臓が弛緩したときの「最低血圧」があります。

これが一般にいわれる、「上の血圧」と「下の血圧」のことで、血圧の正常値は、最高血圧が１４０㎜Hg以下で最低血圧が85㎜Hg以下となっています。

太古の時代に遡って考えてみると、われわれ生物の先祖は、約40億年前に原始海水の中で誕生しました。それが単細胞生物といわれるもので、長い時間をかけて、海水中で魚類にまで進化。いまから、およそ3億７０００万年前に、ようやく陸上に進出し、生活圏を広げてきました。

水中から陸上に進出することによって、人類のような哺乳類にまで進化する道が開けたというわけです。

こうした環境の変化に順応する進化の過程で、生き物は、生理機能の大変革を要求されました。その一つが、ナトリウムの体内維持システムです。

というのも、海水中では容易に補給できた塩分（ナトリウム）が、陸上では稀少なものになります。そこで生命体は、稀少なナトリウムを無駄に排泄して失ってしまわないための機能を腎臓に備えたのです。

それが、「アルドステロン-レニン・アンジオテンシンシンシステム」と呼ばれるもので、このシステムによって、排尿するたびに失われていたナトリウムが、尿から血液に回収されるようになりました。

そして、この回収の役割を担っているのが「アルドステロン」というホルモンです。これは「アンジオテンシンII」というホルモンによって分泌されるものですが、このアンジオテンシンIIこそが、じつは高血圧の原因となっているものです。

野生の動物たちに高血圧症は見られませんが、人に飼われているペットには高血圧症から尿毒症を起こして死に至るケースも珍しくありません。

原因は、ペットに塩分の多いエサを与えているためです。

あらゆる陸生生物は、塩分を過剰に摂取するとアンジオテンシンIIが過剰となり、高血圧症になってしまいます。

高血圧症になると頭痛、めまい、耳鳴り、肩こり、動悸、息切れなどの症状があらわれ、ひどい場合は、脳卒中や心筋梗塞など、動脈硬化に起因するさまざまな病気の引き金となります。

人類の食文化において「塩」は昔から重要な保存料であり、調味料であり、人体にとってなくてはならないものでした。

そのルーツをたどると、約1万年前より農業と牧畜を始めたところに話は遡るわけですが、そうして得られた食物は、保存の必要性から、食塩を防腐剤として使用するようになったのが、人類と塩との深い関係の始まりでした。

けれども、塩はまた、過剰に摂取すれば病気の原因ともなるものです。

いま話題の「メタボ」の原因疾患の中でも高血圧症の患者数がもっとも多く、日本人の約3000万人が高血圧症だといわれています。

しかも、その患者数は年々増加、厚労省も国民に減塩を訴えています。

現代の食生活においては、各家庭に冷蔵庫も完備されていますし、食物の保存技術も格段に進歩、わざわざ塩引きにする理由は少なくなっているはずです。

調味料として使う塩分も、塩の代わりに、食酢やオリーブオイル、麹などを工夫することによって、少なくすることが可能です。

減塩目標としては、1日6グラムの摂取に留めたいところですが、日本人の塩分摂取量は約9グラム程度といわれています。6グラムの塩分量というと、ラーメン1杯分のスープに相当する量です。

人間が食べた残りものの残飯をエサとしてペットに与えていた時代には、家庭で飼っている犬や猫が尿毒症で死亡することが多く、ペットの寿命は短いとされていました。それが最近では塩分の少ないドッグフード、キャットフードも開発されて、ペットの寿命も格段に延びています。

健康に気をつけるのは、人間だけでなくペットたちも同じ。ペットも長寿時代になっているのですね。

子どもにまで広がる糖尿病

高血圧と並んで、中高年に多くみられる糖尿病。書いて字のごとく「甘い尿が出る」ことから名づけられた生活習慣病の一つですが、最近では、子どもにも糖尿病患者が増加、「国民病」とまでいわれています。

糖尿病患者は、尿検査をすると、尿中に糖が検出されます。糖尿病患者以外で、尿から糖が検出されることはありません。

この糖尿病には、「真性糖尿病」と、腎臓の機能に問題がある「腎性糖尿病」の二種類があります。

また、真性糖尿病には、「I型糖尿病」と「II型糖尿病」があります。

Ⅰ型糖尿病は、別名「若年性糖尿病」といい、若年者がウイルス感染をきっかけとして発病します。これは、ウイルスがすい臓にまで感染し、インスリンというホルモンを分泌するランゲルハンス島のβ《ベータ》細胞が破壊されることによって起こります。その結果、インスリンが分泌されなくなってしまうわけです。

Ⅱ型の糖尿病は、別名成人型糖尿病といわれ、成人、高齢者に多くみられます。

高等生命の誕生には、酸素とブドウ糖が必要です。

すべての高等生物は、ブドウ糖を唯一のエネルギー源として生命を維持しています。人間のように高度に進化した多細胞生物は、全身の細胞に酸素とブドウ糖をつねに供給しつづけるシステムを持っています。そして、血液中のブドウ糖を一定量に維持するために、インスリンをはじめとするホルモンシステムが機能しているわけです。

しかし、血糖を調節するホルモンの中で唯一インスリンだけが、糖を細胞内に取り込んで燃焼させることによって血糖を低下させるという働きを担っています。

人類の何万年にも及ぶ歴史をたどったときに、人間が現代のようにお腹いっぱい三食食べられるようになったのは、せいぜいこの何十年間の話です。

つまり、それ以前の人間は、原始時代から、この21世紀に及ぶつい数十年程前まで、絶えず、飢えの危機との背中合わせの生活を強いられていました。現代のようにグルメの果てに、血糖値が上がるなどという状況は、まずありえなかったわけです。

ですから当然、血糖を下げる必然性もなかった。

そうしたことから、上がった血糖を下げるという働きをするのは、唯一インスリンだけになっているわけです。

恐ろしいのは合併症

高度に進化した動物は、前述したように、進化史上、つねに食物の欠乏による飢えとのたたかいを続けてきました。そのため、体の中には、少量の食物で生きながらえることができるように、「倹約遺伝子」なるものが備わっています。

それが、約1万年前より農耕と牧畜を始め、食糧を蓄えることができるようになり、近年では、先進国においてはとくに、経済的な豊かさによって、過食の傾向が顕著に。いまや「飽食」とも「崩食」ともいわれる時代に突入しています。

人類史上、こんなに食べすぎの状態になっているのは、ほんのこの数十年の話にすぎないわけですが、この食べすぎの食生活の変化に、じつは、人間の体のほうは追いついていないのです。

なにしろ、それ以前は、ずっと長いこと、絶えず飢えに脅かされている状態が普通だったわけですから。

つまり、食べすぎによる体の悲鳴が、Ⅱ型糖尿病という病気となって現れているということです。糖尿病が生活習慣病の代表疾患となった最大の理由は、食べすぎにこそあるといっていいでしょう。

糖尿病患者には、ダイエットと適度な運動が指示されますが、これは、まずは不自然な生活習慣を正す必要があるからです。

高血圧症と同じように糖尿病も野生の動物にはみられません。けれども、近年、人間に飼われているイヌやネコには、糖尿病が増えています。ペットをかわいがるあまり、高カロリーの豪華なごちそうを与える一方で、家の中でだいじに飼って、ろくに散歩もさせなくなっているからです。

人間の浅はかさが、ペットまでも巻き込んでいるという状況は、もはや笑い話では済まされません。動物も人間と同様、自然から離れた生活をすれば、糖尿病になるということです。

日本では糖尿病患者は、およそ８００万人以上、その予備軍は、１０００万人以上といわれています。その数字は、近年ますます増加する傾向にあり、いまや社会問題化しているほどです。

糖尿病が恐ろしいのは、その合併症です。

糖尿病性網膜症による失明、糖尿病性腎症による人工透析患者の増加、脳卒中、心筋梗塞、末梢循環不全による下肢末端の壊疽《えそ》などの合併症が増加しています。

こうした糖尿病もまた、もとをたどれば、前述の慢性炎症がその原因疾患です。

既に本書の中で、何度も繰り返しているように、人間は、自分たちの欲望を満たすために、あまりにも反自然的な科学技術文明に偏った生活に依存しています。

これまで述べてきたように、糖尿病をはじめとする生活習慣病もガンも、すべては、不自然な生活がもたらしたものです。健康を求めるのであれば、まずは、みずからの生活を省みることから始めましょう。

骨粗鬆症がもたらす肩こりや腰痛

この地球上に、最初に出現した生命体は、今からおよそ40億年前（先カンブリア紀）の原始の時代に、海水中で誕生しました。その後、海水中で進化した動物（魚類）が約3億7000万年前（デボン紀）に陸上に移り棲むとき、もともとの原始海水を体内に保持しつつ上陸したものと考えられています。

それがわれわれの体の中にも流れている血液の成分なのですが、じつは、現代人に多くみられる骨粗鬆症《こつそしょう》や高血圧症は、海水から水のない陸上での生活に順応するために起こった生理現象の一つだといえます。

血液の成分中、生命維持に欠かせないのが、「カルシウム」と「ナトリウム」です。カルシウムの血中濃度は、常に血液0・1リットルあたり9〜10ミリグラムに維持されており、カルシウムの血中濃度が、1ミリグラムの上下になると、生命が危ない状態になります。この血液中のカルシウムイオンの濃度は、細胞内のそれの1万倍もあるというから驚きです。

このように、カルシウムの血中濃度がいつも一定になるように、厳密に調節する仕組みが人体には備わっています。それが、「副甲状腺ホルモン（パラソルモン）」というもので、陸上に移り棲んだ脊椎動物は「カルシウム」を骨に蓄えて、必要に応じて血中に放出することによって血中のカルシウム濃度を一定に維持するようになっています。

では、どのようにして、カルシウムを体内に取り込むのでしょうか。

カルシウムは海水中には豊富にあったものですが、陸上では努力して摂取しなければならないミネラルです。

高齢者に多くみられる骨粗鬆症とは、この血液中のカルシウム不足を骨のカルシウムを放出して補うことによって起こるもの。カルシウムが、血液中にどんどん放出されることによって、骨がカルシウム不足となってもろくなってしまった状態なのです。

とくに女性の場合は、閉経後、骨の破壊を防ぐ女性ホルモンが急激に減少するので、男性よりも骨粗鬆症のリスクがより高くなります。

骨からカルシウムを放出させるのが、副甲状腺ホルモン（パラソルモン）といわれるもので、このホルモンを調節している遺伝子が骨粗鬆症の原因となっています。

いってみれば、そこから起こる肩こり、腰痛、膝痛といったものは、海水から陸上に生活圏を広げて進化してきた人類の宿命だともいえるでしょう。

人類が重力に逆らって直立二足歩行を開始したのは、およそ400～300万年ほど前のこと。それまでは、動物たちは地上を這うことによって移動していました。

それが起立歩行をするようになったところに、肩、腰、膝の人体設計の変更が、間に合わなかったためだと考えられます。つまり、もともと人類の肩、腰、膝の構造は地上の重力に耐えられるようには作られていないというわけです。

そうした人体構造上の設計ミスに加え、前述したように、海水から地上に移り棲むことによって、カルシウムの吸収がたいへんになった。この二つが相まって、陸上で二足歩行をするようになった人類には、肩こりにはじまり、腰痛症、変形性膝関節症、椎間板ヘルニアなどが宿命づけられたのです。

これらの疾患を予防するには、肩、腰、膝を支える筋肉を強化するのがよいわけですが、それには、重力の負担のかからない水泳など、水中での運動が最適です。

さらに骨粗鬆症対策としては、いうまでもなく、食事からカルシウムを摂取することも大切です。そのため、動物や魚の骨を食べればよいだろうと勘違いされている方も多いのですが、じつは骨のカルシウムはイオン化しません。そのため、体内にはほとんど吸収することができないのです。

イオン化されたカルシウムは野菜に多く含まれています。ただし、日本の土壌は火成岩のため酸性に偏っていますから、国産の野菜は、案外カルシウムが少ないものです。

それが、日本人のカルシウム不足の一因にもなっていますが、カルシウムを有効に吸収できる食材には、ほかに海藻、大豆、肉、牛乳があります。これらの食材は、骨粗鬆症対策に、たいへん有効です。

ただし、牛乳は確かにカルシウムも豊富ですが、悪玉のコレステロールも多く含まれていますので、あまりお勧めできません。

骨粗鬆症は、ある日、突然起こるものではなくて、若いときからの生活習慣の積み重ねによるところが非常に大きいものです。

高齢になると、筋力の低下から、転倒、骨折するケースが目立ちます。日ごろから、筋力アップを心がけておきましょう。

なにも特別なことをする必要はありません。最寄り駅よりも一駅前で降りて歩いたり、エレベーターやエスカレーターを使わずに階段を利用する。雑巾がけや草むしりといった体を使う家事など、日常生活のちょっとした習慣の積み重ねで、５年後、10年後には、大きな差があらわれます。

現代病の最たるもの、「アレルギー」

戦後70年近くを経て、医学の世界で大きく目を引くのが、社会的にも注目されている「アレルギー疾患」の急増です。

アレルギーの代表的なものといえば、気管支ぜんそく、アトピー性皮膚炎、アレルギー性鼻炎などがあります。そして、戦前の日本には、まったく見られなかったものに、スギ花粉症があります。

これは、昭和30年代の経済の高度成長期に入ってから患者が出はじめ、いまでは日本人の10人に1人以上がスギ花粉症だといわれています。

現代医学ではその原因を、戦時中に植樹したスギの木が大量に繁殖し、スギ花粉の飛散が増加したからだと説明してきました。

しかし、花粉症患者が最も多い地域は、スギの木のほとんどない東京のJR山手線の内側。スギの木の山に囲まれた山間部の住民の間には、花粉症の患者はほとんどみられません。

これはいったいどうしたわけでしょうか。

先進国においては、花粉症に限らず、アレルギー疾患全般の患者が、年々増加しています。

昭和30年代の高度成長期には、工場の排煙や自動車の排気ガスの増加のため大気汚染が急速に進み、光化学スモッグの被害や「四日市ぜんそく」「川崎ぜんそく」「環七ぜんそく」などの公害によるぜんそく患者が急増したことをご記憶の方も多いと思います。

このように、アレルギー疾患の原因のひとつには環境汚染による化学物質があり、一方で、衛生環境の向上、行きすぎた「清潔病」ともいえるものも発病の原因となっていることが、しだいにわかってきています。

つまり、人体にとって異物である化学物質に対する過剰反応や、きれい好きが嵩じてもたらされる免疫力の低下によって起こるアレルギー疾患が、急増しているのです。

現在、地球上に生息する5000万種以上のさまざまな生物が共存共栄しているのは、すべての生物が免疫というシステムをもっているからです。

「免疫システム」とは、外敵から自分を守りながら、一方で体内に生じた障害物を取り除いて、生命の恒常性を維持するといった、一種の自己防衛システムです。

この生命の維持にかかわる防衛システムに変調をきたした状態が、アレルギーなどの免疫病というわけです。

現在までに解明されているアレルギーの起こり方は、本来は等分であるべき「Ⅰ型ヘルパーリンパ球」と「Ⅱ型ヘルパーリンパ球」のバランスが、Ⅱ型に著しく偏った状態だと考えられています。

その原因としては、「環境ホルモン」の存在と、衛生環境の改善などがあげられています。

具体的には、農薬や殺虫剤、食品添加物、排煙、排気ガスなどの化学物質が、免疫バランスをⅡ型ヘルパーリンパ球優位にすることが証明されています。さらには殺菌剤、抗生剤の大量使用が極端な無菌状態をつくり出して、Ⅰ型とⅡ型のバランスをくずして、Ⅱ型優位にしているということもあります。

科学的で豊かな物質文明と、限りなく無菌に近い清潔な生活環境によって、現代にアレルギー患者が増えつづけているとしたら、ある意味、人間はとても愚かなことをしているといえるのではないでしょうか。

第2章

技術が高度化しても病気を克服できない現代医療

「敵を駆逐する」という誤った考え方

現在、日本人の死亡原因の第1位はガンです。3人に1人はガンで死亡する時代で、その数、じつに年間37万人にも及びます。

厚生労働省では、5〜7年後には、日本人の2人に1人はガン死するという予測を出しています。今後も、この数字は増えることはあっても、減ることはないでしょう。

確かに近年の医学の進歩には、目覚ましいものがありますが、悲しいかなこの30年間、ガンの治癒率は、ほとんど改善していません。それどころか、ガンの発症率は年々増加する一方です。

その背景には、人口の高齢化と自然環境の破壊など、高度に発達した現代文明がもたらした〝不自然さ〟が、人間の体にさまざまな悪影響を及ぼしていることが考えられます。

こうしたことを受けて、国としても手をこまねいているわけではありません。

２００６年、「がん対策基本法案」が国会で議決され、ガン検診の充実とガン治療における全国平均化を大々的にうたっていました。けれども、それから5年あまりを経過した現在、残念ながら、いまだに顕著な成果はみられません。

いったいこれはどういうわけでしょう。

いくら現代医学が進歩しても、ガン治療に十分な効果が上げられない最大の理由は何なのか。それは、「敵」を完全に駆逐すれば治癒に至ると考える、現代医学をもっとも特徴づけている、その根本の哲学にあるのだと私はみています。

では、そもそも、なぜ人はガンにかかるのでしょう？

前述のように、人の体内では、毎日３０００個から１００万個にも及ぶガン細胞が発生しています。

だからといって、むやみに心配しないでください。人間の体はよくできていて、日々発生するガンをやっつけてくれる。これらガン細胞を消滅させることを使命とするナチュラルキラー細胞（ＮＫ細胞）という免疫細胞も、全身に50億から１００億個、くまなく待機しています。このＮＫ細胞というのは、「キラー」というその名のごとく、つねに体内をパトロールして、ガン細胞やウイルスに感染した細胞を見つけるやいなや、10秒以内に消滅させるという働きをしているものです。

ということは、ＮＫ細胞を活性化することによって、たとえできてしまったガン細胞も駆逐することが可能なのではないか、と考えられるわけですね。

それについては、またあとの項目で詳しく述べていきますが、ここではまず、ガン細胞が発生する最大の原因ともいえる〝ストレス〟について考えていきましょう。

それというのも、ガンにかかる人は、おしなべて精神的なストレス――心配事やつらい思いを長期間にわたって受けてきたケースが圧倒的に多く見られるからです。

何を隠そう、私もその一人で、48歳のとき、医師会の役職に就いたのが性に合わなかったのですね。非常にストレスを感じながら務めていたら、２年後、たちまちのうちに大腸ガンになってしまいました。

その後、肝臓にも転移して、周囲は、もうダメだと思っていたようです。

幸いにして、今も現役の医師を続けていられるのは、それなりの理由があるのですが、それについては、のちの章で詳しく述べることにしましょう。

ストレスと生体リズムの乱れが病気をもたらす

現代はストレス社会だといわれています。人々は日々、ストレスにさらされて暮らしているわけですが、このストレスが病気をもたらすということを、最初に医学界で証明したのは、ハンガリー系カナダ人のセリエでした。

いまでは、生活習慣病など、病原菌が原因ではない病気の多くにストレスが影響しているということは、よく知られた事実です。

ストレスには二つの種類があって、一つは「精神的なストレス」、もう一つが「肉体的なストレス」です。

精神的なストレスとは、将来やお金のことを心配したり、自分のことを責めたり、恥ずかしがったり、他人をうらやんだりさげすんだり、嫉妬《しっと》したり……、といったことなどです。

また、肉体的なストレスというのは、物理的、物質的なストレスのこと。暑い、寒い、空腹や疲れなどがそれにあたります。長時間、座りっぱなしで、コンピューターの画面を注視する仕事なども、肉体的なストレスになります。

食べ物や空気から体内に取り込まれた化学物質、さらには紫外線、電磁波、放射線を浴びることも肉体的なストレスです。

では、なぜ、ストレスが病気の原因となってしまうのでしょうか。

人間には、体を守るために自律神経というものが備わっています。暑いときに汗が出たり、食べたものを胃や腸で消化するのを助ける働きをするもので、自在に手や足を動かすことができる運動神経とは違って、自分の意思でコントロールすることはできません。

ふつうは昼間、活動しているときには自律神経は交感神経が優位になっていますが、夕方を過ぎて寝る時間が近づいてくると副交感神経が優位になるといったように、一日のうちに緩急の波を描いています。

言い換えれば、緊張とリラックス、どちらの状況に置かれているかによって、使い分けられているわけです。

犬に追いかけられた猫が、毛を逆立ててたたかう姿勢を見せますが、あの状態こそ交感神経が優位になっている状態です。

逆に、副交感神経はリラックスした状態で、おいしいものを食べたり、お風呂に入ってのんびりくつろいでいるときなどは、副交感神経が優位になっています。

当然のことですが、ストレスがかかると、交感神経がオンになって緊張状態——いわば戦闘態勢に入ります。そうなると「アドレナリン」や「ノルアドレナリン」というホルモンが出て、白血球の一種である「顆粒球《かりゅう》」が増加。顆粒球は活性酸素を出すことによって細菌を攻撃、破壊する免疫細胞です。

この顆粒球が増えすぎると、敵の細菌だけでなく、みずからの体をも攻撃するようになり、かえって体をこわしてしまうということになります。

胃の弱い人が胃潰瘍になったりするのは、このためです。

交感神経が優位なときには、活性酸素によって破壊された遺伝子が次に新しい細胞を再生する過程において、正常な細胞ではなく、ガン細胞になりやすいということもあります。

交感神経がオンにならなければ、てきぱきと仕事をこなしたり、活発に活動することはできませんが、そうした頑張っている状態を無理に長く続けていると、すなわち交感神経が優位な状態を自分に強いつづけた場合、今度はそれが病気の引き金となることもあります。

頑張りすぎて病気になってしまうというケースは、みなさんのまわりでも、よく

白血球中の顆粒球とリンパ球%のバランスが重要

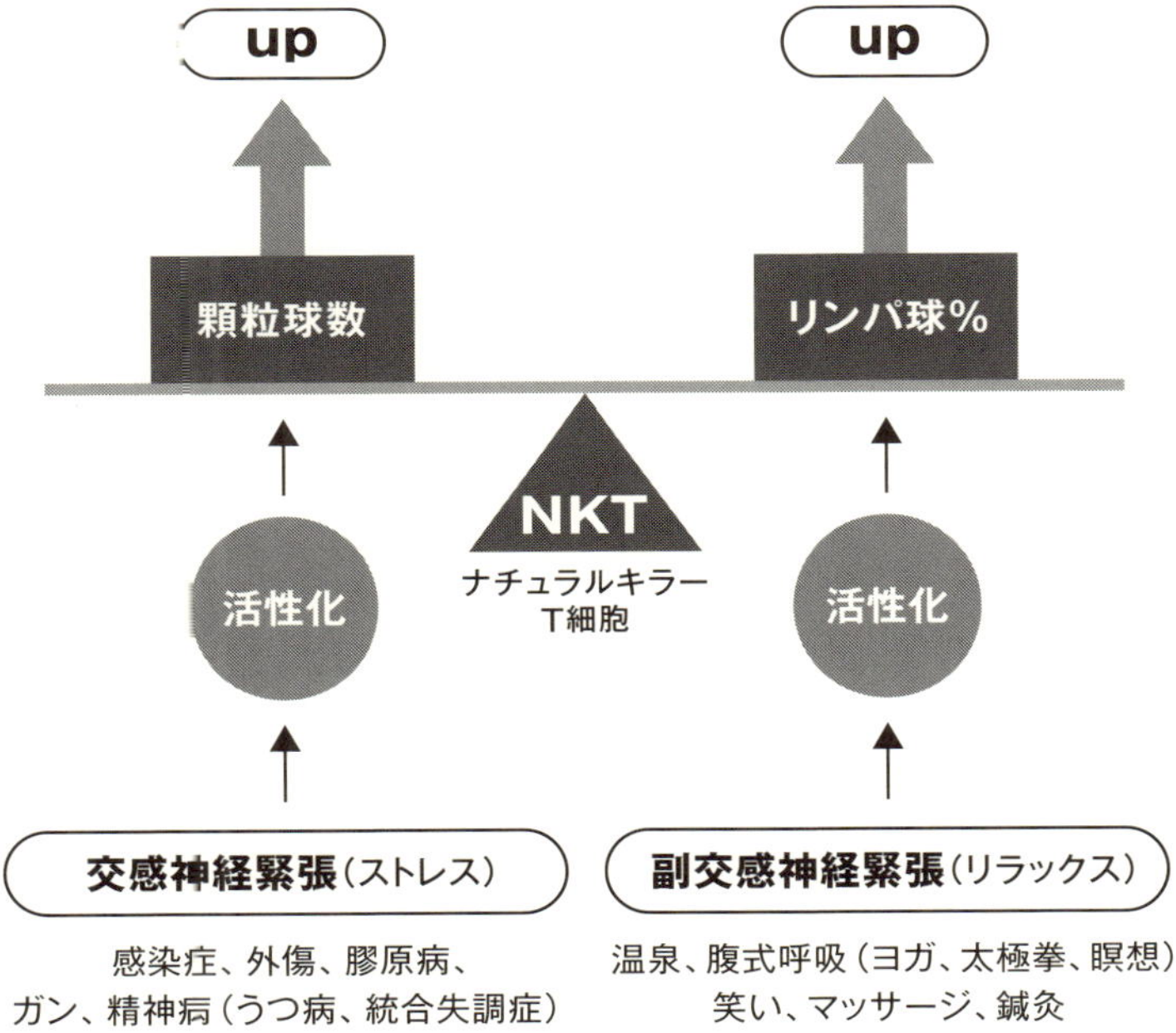

● NKT細胞は、自然免疫系のリンパ球。これについては、87ページ以降を参照。

みられるでしょう。

交感神経の緊張が続けば、一方の副交感神経の働きは弱くなります。副交感神経は、リラックスした状態になってはじめてオンになる。そうして副交感神経が優位になれば、免疫力を高める「リンパ球」（これも白血球の一種）が増える。その逆に交感神経が優位な戦闘状態がいつまでも続いていると、リンパ球は減少し、免疫力は落ちます。

免疫力の低下が、さまざまな病気をもたらすということは、みなさんも知識としてはよく知っていらっしゃると思います。

健康体な人というのは、交感神経と副交感神経のバランスがとれている。すなわち顆粒球とリンパ球のバランスがとれている状態だというわけです。

これについては表現を変え、くり返し述べていきますが、基本的に、顆粒球とリンパ球のバランスがとれた状態が健康体だということは、覚えておいてください。

野生の動物にはストレスがないといわれますね。彼らには心配事もなければ、他を羨んだり、妬んだりすることもありません。自然にあるがままに生きているのが野生の動物です。

けれども、ペットや家畜として飼育されている動物には、人間と同様にストレスがかかっています。飼われている動物は、飼い主である人間の命令を聞かなければなりません。盲導犬や芸をするサルなども、寿命が短いそうです。つまり、我慢することがストレスになっているのですね。

籠の中で飼われる小鳥の、30パーセントはガンになるとか。もともと自然の生き物である動物を人間の都合で飼うということ自体、動物の身にとっては、不自然なことに違いありません。

人間も同様です。先進国における生活環境は、科学技術の発達のおかげで、とても豊かで便利になりました。けれども、その一方で、人間は、どんどん自然から離れ、不自然な生活をするようになっています。

２０１１年の３・11以降、原子力発電の是非が問われていますが、都市では24時間、灯りがこうこうと照らされ、人々の生活も、昼夜の区別がなくなってきています。そのため、人間にもともと備わっている生体リズム（サーカディアン・リズム）が狂いはじめて、大人も子どもも、体に変調をきたしているケースがたいへん増えています。

不眠や生理不順、うつや子どもの登校拒否なども、この生体リズムの狂いと大いに関係があるものです。先に述べた自律神経の働きが乱れて、急に汗が出たり、息苦しくなったり、めまいがしたりといった不調を訴えるケースが増えているのも、生体リズムの乱れから始まっています。

自律神経の不調から、過敏性大腸症候群、気管支ぜんそく、起立性障害、偏頭痛などの慢性病や、不安障害や統合失調症、うつ病などの精神疾患にもつながることがあります。具体的な病名がつかない場合でも、原因不明の不定愁訴から、自律神経失調症と診断されるケースも少なくありません。

いずれにしても、健康を求めるならば、まずは、地球の生き物としての自然のリズムに則った生体リズムに従った生活を心がけて、自律神経の働きを整えることが、どんな薬を飲むよりも有効だといえるでしょう。

人々の免疫力が弱ってきている

現代人の暮らしがいかに不自然なものになっているか、思いつくままに挙げてみましょう。

交通手段や家電製品の発達によって、極端な運動不足に陥ったあげく、食べすぎてメタボになった体をダイエットするために、お金を払ってスポーツジムに通っている人も、少なくありませんね。でも、これなど、考えてみれば、ずいぶんこっけいな話だと思いませんか？

また、夏になると都市ではとくにヒートアイランド現象が問題になりますが、冷蔵庫やクーラーの使用によって、冷え性体質となる人が増え、オフィスや電車の中では、夏でもひざかけやスカーフが欠かせないという女性をよく見かけます。これもおかしな話ですね。

食べるものもまさに大量生産、大量消費の経済効率を優先するあまりに、農作物には農薬、化学肥料、殺虫剤を大量に使用。魚や家畜の飼育にも薬物や化学物質が大量に使われ、スーパーには、ハウス栽培によって作られた季節感のない野菜、冷凍技術の進歩のおかげで、旬ではない魚がたくさん並んでいます。

こうした例は枚挙にいとまがなく、私たちも自然とともに生きている生き物である――という視点からみれば、文明の発達とともに、私たちは、いわば、まったく不自然な、不健康な生活習慣、ライフスタイルが、「普通のこと」になってしまっているといえるでしょう。

その結果、人間の免疫力、自然治癒力は著しく低下しました。

ガンが発生する三大要因には、低酸素、低体温、免疫力低下の三点が挙げられます。こうしてみると、現代人のライフスタイルは、まさにガンが発生するのに好条件である——といっても言いすぎではないでしょう。

ガンにならないための答えもここにあります。ようは、ガンにかかるのと反対のことをすればいいわけですね。つまり、低酸素、低体温、免疫力低下にならないようにするのです。

なかでも重要なのは、まずは低下した免疫力を改善することです。すなわち自然からかい離した不自然な生活習慣をあらためること。いたずらにガンを怖がるくらいなら、精神的なストレスを解消するように努め、食事や環境も改善、物質的なストレスをなくすように努力しましょう。

現代社会において、ストレスを完全に回避するのは、とうてい不可能です。本来であれば、政治には夢と希望にあふれたストレスレスな社会の構築を目指してもらえるように期待したいところです。

しかし、現代のように、健康や自然や人の心や命を犠牲にしてまでも、何が何でも効率化を優先して目先の利益を上げることにばかり関心が向いている社会においては、せめて個人一人ひとりができることの中で、いくらかでもストレスを軽減して、健康に生活ができるようになるには、どうしたらいいのか——ということについて、考えていきたいと思います。

前述したように、それにはストレスを減らすことが一番ですが、ストレスに強くなるためには、まずは免疫力アップに努めることです。

たとえば、うつ病の人は免疫力が落ちていますから、これを上げてあげるとうつ病が治ります。

みなさんも、「プラス思考」や「ポジティブシンキング」という言葉を聞いたことがあるでしょう。免疫力を高めると精神力もアップして、プラス思考になるのです。また、その逆に免疫力が下がると、精神力もダウン、打たれ弱くなります。

これは、人の頭の中にあるグリア細胞と関係があります。このグリア細胞は前述の免疫力を高めるリンパ球と同様の働きをするもので、脳神経細胞をコントロールします。免疫力を高めることによって、グリア細胞は活性化されるわけです。

医学の世界には、「精神神経免疫学」という、精神と神経と免疫がどういう関係にあるかを研究する学問があります。

それによると、気持ちがよい・悪いという感情によって、脳内には「神経ペプチド」などの脳内ホルモンが分泌されます。この神経ペプチドの一つに「β《ベータ》エンドルフィン」というものがあり、これがリンパ球を活性化させる。

ガンをやっつけるリンパ球には、前出のナチュラルキラー細胞＝ＮＫ細胞というものがあります。

ストレスがかかると、このβエンドルフィンの分泌が抑制され、ＮＫ細胞の働きは低下します。すなわちストレスの多い人は、ＮＫ細胞の働きが下がって、ガンにかかりやすくなるというわけです。人工的な化学物質を多く摂取すると、免疫力が下がることは、みなさんもよくご存じのとおりです。

楽しく、笑って日々を過ごす

免疫力を高めるためには、楽しいことをするのがもっとも効果的です。落語を1時間聞くと、その前後で、ＮＫ細胞の活性が、なんと15パーセントもアップしたという研究結果も出ています。

笑いがＮＫ細胞を活性化することから、ガン治療に落語を聞かせて大笑いさせるという治療を、本気でしている病院もあるほどです。

みなさんも、好きなスポーツをしたり趣味に興じたあとには疲れも吹き飛んで、気分が爽快になるという経験があるでしょう? スポーツも趣味も、ストレス解消の妙薬ですね。

ゴルフの起源は、人間の狩猟本能のあらわれにあるといわれています。ジョギングをするのであれば、室内のマシーンの上で走るよりも、自然の景色を楽しみながらのほうが、おおいに効果が見込めます。

「病は気から」という言葉があるとおり、治療には、まず精神のケアが、いちばん大事にされてしかるべきです。先端の医者はそのことを知っていますが、最近は「3分診療」などといわれて、大病院の中には、患者さんの顔さえろくすっぽ見ることなく、コンピューターの画面だけで、処方箋を書くようなドクターもいるという話もよく耳にします。

医療の本質は、まず、患者さんの心をどう扱うか、ということにあります。心を元気にして、その人がもともともっている自然治癒力を引き出して、免疫力アップにつなげていくこと。医者はまず、そのことを考えなければなりません。

現代社会では、心の病も急増しています。心の病気に対しては、現代医学では、有効な手立てがないのが実情です。

「いや、最近はいい薬ができて、うつ病などは投薬治療ですぐに楽になる」などと、テレビや新聞を通して、一般の人がそのように理解しているなら、大間違いです。

確かにうつ病の薬を飲むと、一時的に症状は軽くなります。でも、それは麻薬と同じ。だんだん薬は効かなくなり、薬の量を増やさなければならなくなります。心の病は、薬を飲んでも根本的な治療にはならないのです。

それよりも、まずは生活の中から外的なストレスを減らして、落語でも聞きながら笑っていたほうが、心の病には、よほど効きます。

瞑想や呼吸法も、副交感神経に作用して、βエンドルフィンの分泌を促し、免疫力アップに一役買うことは、よく知られています。


野生の動物に病気がないのは、彼らは、気を病むことがないからですね。ところが、人間に飼われているペットには、ストレスから病気になるケースもみられます。そんなことは、自然界の動物には、ありえないことです。

気を病むというのは、ストレス状態にあることで、それはある意味、高度な精神を持ってしまった人間の宿命でもあり、特徴なのです。

気を病むと免疫力が落ちます。たとえばガンをやっつけてくれる前述のＮＫ細胞の働きは、ストレスによって、落ちるということはすでに証明されています。

気持ちのありようが遺伝子にまで作用するということが、先端の研究ではいまや科学的に証明されています。

ガンの患者さんを助けるためには、まずは本人の気持ちをプラス志向にしなければなりません。スポーツや登山などのアウトドア活動に挑戦したりする「生きがい療法」やイメージ・トレーニングが有効なのは、まさにそのことを証明しているわけです。

断食療法というのも、こうした気持ちのありようにつながる「気」の療法の一つです。

断食することによって、「おい、このままでは死んでしまうゾ」という肉体的ストレスを与えられることによって、かえって人間には「助かろう」「生きよう」という気が湧き起こってくるのですね。これも、「気持ち」のありようが、いかに体に作用するかのあらわれでしょう。

食べ物のもつ「薬効」を見直す

私のクリニックでは、漢方も処方していますが、漢方の考え方の大本には、「〝元気〟という生命力の根源は、すべて食べ物から得る」という哲学があります。

食べ物の中に、われわれの「気」を高めるものがあると考えているわけです。

野生動物を見ていても、それは明らかです。

彼らは、風邪をひいても下痢をしても薬を飲んだりはしません。病気になれば、絶食して、じっと体を横たえて休んでいます。

野生動物に元気を与えているものは、100パーセント自然界の食べ物です。

それに、自然環境に恵まれているところに生息する野生動物は、現代人のわれわれに比べれば、化学物質の汚染も少ないし、いちばん大きな違いは、彼らには精神的な悩みやら子どもの将来や老後のことを心配するなどということは、まずないということです。

「人間というのは心得違いをしている。気持ちの保ち方を間違っているから病気になるのだ」という論文を書いている医者もいます。

また、たとえばハーバード大学では、陰ながら患者さんの回復をお祈りすることによって、病気が治る率が上がるということを、データで証明しています。「笑い」が病気の治癒率を上げるということは、だいぶ知られてきていますが、「祈り」にも、それと同様の治癒率をアップさせる力があるというのです。

気功術では、〝気〟を送ることによって相手が吹っ飛んだり、病気が治ったりするということがありますが、鍼灸治療の鍼というのも、たんにツボに鍼を打っているだけでなく、鍼を通して、施術する側が、患者さんに気を送っているのですね。

私のクリニックに来る患者さんのなかには、私のところへ来ると「先生に元気をもらえる」といって、はるばる新幹線に乗って、遠く東北や九州から通ってこられる方もいらっしゃいます。

私と話すことによって、それは気功術でいうところの「対気」ということになるのだと思いますが、患者さんの元気の気が高まるようです。

また、頑張ろう！　という気になるんですね。そこが、自慢ではありませんが、当クリニックの特徴だと思っています。

話を現代の食生活に戻せば、人工栽培された野菜や養殖された魚は、天然ものに比べて、ビタミンやミネラルなどの栄養バランスが、かなり劣っていることは明らかです。

また、農薬や添加物などの化学物質が自然環境破壊、体内環境破壊の原因となって、現代病を増加させている一因ともなっています。

生活習慣病の中でも、高血圧、高脂血症、糖尿病、動脈硬化、ガンの最大の原因は、運動不足と過食による「内臓肥満」であるといわれています。

戦前の日本では、主食は米飯、副食は魚や野菜が中心で栄養バランスがとれていました。また、多くの国民が、まさに身を粉にして働いていたので、運動不足などありえない話でした。

つまり、これら生活習慣病にならないためには、若いときからの運動療法と食生活習慣の改善が、最重要課題だといってもいいでしょう。

戦後、70年近くを経て、日本における食習慣はますます欧米化し、疾病構造も欧米にたいへん似てきました。そのため、食の影響が大きく関与する乳ガンにかかる日本女性は、いまや18人にひとり（欧米では8人にひとり）で、１９９５年に約3・1万人だった患者数が、２００５年には5万人を超え、最新のデータでは、6万人に増えています。

生活に自然のリズムを取り戻す

1998年、厚生省（当時）では、それまで「成人病」と呼んできたガン、心筋梗塞、脳卒中、動脈硬化、高血圧、糖尿病、高脂血症などの疾病を「生活習慣病」と言い換えるようになりました。

これらはいずれも40歳を過ぎた成人において急増するもので、加齢とともに増加するとみなされていたことから、「成人病」と呼ばれていました。

近年、子どもを含む若年層にもそれらの成人病が増えはじめ、背景には、どうもわれわれの生活習慣そのものに原因があるのではないか、と認識されるようになってきたことから、新たに「生活習慣病」と言い換えられたわけです。

それに加えて、厚労省では、これまた近年、さかんに「メタボリック症候群」という新しい疾病概念をPRしていますが、これは、動脈硬化が原因で発症する脳卒中や心筋梗塞の予防のための啓もう活動の一環です。

前述したように、現在、日本の医療費は年々増加する一方で、すでに年額40兆円

（推計）を超えようとしています。この増えつづける医療費を抑制するためには、いかにして患者数を減らすかが、国の重要課題となっています。

現在、日本人の死亡原因の第1位を占めているガンが、いっこうに減らず、その有効な治療法の確立が難しいとなれば、これ以上、医療費を増やさないためには、どうしたらよいか。

そこで、現在、第2位以下の死亡原因である心筋梗塞、脳卒中の原因となる動脈硬化の予防に力を入れて、なんとか医療費削減をはかろうと厚労省では考えたのでしょう。

動脈硬化の原因疾患である高血圧、糖尿病、高脂血症、内臓肥満の患者を早期に発見し、早期に治療をするため、予防医学に対する関心を高める目的で、メタボリック症候群という疾病概念を世間にＰＲする活動に励んでいるわけです。

こうした生活習慣病の急増も、ガンと同様、人々が文化的な生活を求めて、自然からどんどん離れてしまう不自然な生活習慣こそが、おしゃれでカッコイイといったように現代人が勘違いしたことから端を発していると私はみています。

さらに現代人においては、一日中、デスクに向かって、パソコンと首っ引きで、ほとんど体を使わないオフィスワーカーも増加。もちろん体を使う労働もなくなってはいませんが、近年、ＩＴの進化に伴って、頭脳労働偏重の社会になっているともいえるでしょう。そうして、交通手段や家電の発達により、先進国の人々は、ほとんど肉体の運動を伴わなくても日常生活が送れるようになっています。

「廃用症候群」という言葉をご存じですか？

人間は、たとえ健康体であっても、十分な運動を怠ると、筋肉は委縮、関節の拘縮が進行するなど、さまざまな心身の機能低下をひき起こします。

これは別名、「生活不活発病」とも呼ばれ、筋力低下を回復させるためには意外に長くかかり、安静による筋力低下は、１週目で20パーセント、２週目で40パーセント、３週目で60パーセントにも及びます。

１日間の安静によって生じた体力の低下を回復させるためには１週間、１週間の安静により生じた体力の低下を回復するには１か月もかかるといわれます。高齢者が、骨折などをきっかけに、そのまま寝たきりになってしまうことが多いのは、このためです。

最近では、外科手術をしたあとにも、患者をすぐに起こしてなるべく歩かせるようにしています。これは、必ずしも、コストダウンをはかろうとしてのことばかりではありません。いってみれば、人間の体は使わないとダメになってしまうからなのです。

廃用症候群によって生じる症状には、筋萎縮、筋力低下、関節拘縮のほかに、骨粗鬆症、腰背痛、五十肩、起立性低血圧、静脈血栓症、肺塞栓症、肺炎、浮腫（むくみ）、褥瘡《じょくそう》（床ずれ）、便秘、尿失禁、大便失禁、低体温症、精神障害、抑うつ、無為無欲状態、食欲不振、拒食、睡眠障害、不眠、仮性痴呆、尿路感染、尿路結石などが挙げられます。

このうち、ひとつやふたつは心当たりのある方も少なくないのではと思いますが、それだけ現代人の運動不足は深刻な状態に陥っていると思われます。

第3章

「統合医療」が医者要らずの体をつくる

健康へのキーワードは「免疫力」

近年、テレビのコマーシャルをはじめ、いわゆる健康食品や栄養補助食品といわれるサプリメントの宣伝が隆盛を極めています。

「グルコサミン」、「コンドロイチン」、「セサミン」、ＥＰＡ（エイコサペンタエン酸）にＤＨＡ（ドコサヘキサエン酸）など、ありとあらゆる健康食品、サプリメントが出回っています。

それらに共通しているのが、「自然治癒力」「免疫力」のアップを宣伝文句でうたっている点です。

自然治癒力とは、生体の重大な生理機能であるところの、「免疫反応」を喚起させるものです。

そうした免疫反応の研究は、この半世紀の間に急速に進歩発展を遂げ、現在に至るもまさに日進月歩の勢いで、そのメカニズムが解明されています。

２０１１年度のノーベル医学・生理学賞は、免疫反応の発端となる「自然免疫系」

の発見者たちに授与されました。

ショウジョウバエから、免疫に関係する「トル遺伝子」を発見したジュール・ホフマン、人における「トル様受容体（TLR）」を発見したブルース・ボイトラー、「樹状細胞」の発見者であるラルフ・スタインマンの名前は記憶に新しいところです。

樹状細胞とは、一般の読者には、ちょっと聞きなれない単語かもしれません。しかし、この樹状細胞は、ガンなどの敵（非自己）に付着して、その抗原を取り込んで、他の免疫系の細胞に敵の情報を伝える働きをもっています。

つまり、この樹状細胞を活性化させることがガン治療につながるということで、一躍注目を集めているのです。

自然免疫系であるNK細胞や樹状細胞には、自分以外のものを認識する受容体（リセプター）が備わっており、細菌やその他、非自己のものを感受するアンテナのような働きをしています。このアンテナが、トル様受容体という、ショウジョウバエなどにもある最初の免疫反応の受容体なのです。

すなわち、トル遺伝子は、菌やカビが入ってきたら、それをやっつけて、抗菌ペプチドをつくるという反応を起こす遺伝子なのです。

こうした昆虫より高等で、最も原始的な脊椎動物であるヤツメウナギから、最も高等な哺乳類まで、高等生物には、さらに「獲得免疫系」というものが備わっています。

これまでの研究では、この獲得免疫系のほうに重きが置かれていました。しかし、前記、ホフマンらの研究によって、免疫系の始まりである自然免疫では、細胞が直接、ばい菌やウイルスを見分けることができるアンテナをもっているということが解明されたわけです。

じつは、私の研究テーマも、この免疫学です。１９６７年、大学院に入学した際、最初に教授から与えられた研究テーマが「精神と免疫」についてでした。

つまり、免疫力のあるなし、強弱によって、精神状態はどういう影響を受けるか、ということについての研究です。

免疫力が落ちてくると、風邪をひきやすくなったりと病気になりがちです。気持ちもショボンとしてきて元気がなくなる。

逆に、免疫力がアップすると、風邪もひかず、病気にもかかりにくくなる。さらには、精神的にもやる気が出てきて前向きになるという経験は、みなさんにも思い当たるフシがあるでしょう。

こうした「精神神経免疫学」は、欧米ではすでに学問として確立され、医学における重大な研究課題の一つになっています。

また、これと並行して、もう一つ、私のライフワークとなっているのが、「腸内常在菌アレルギー（免疫）に関する研究」です。

みなさん、いまでこそ、「乳酸菌、ビフィズス菌など（ヨーグルト、ヤクルトなど）」が、腸内の善玉菌を増やして、健康増進に一役買っているということは、テレビのコマーシャルなどを通しても、よくご存じでしょう。

私が学生時代には、「腸管の状態を良好に保つことが、われわれの免疫に非常に重要な役割を果たしている」というメカニズムについては、まだ解明されていませんでした。

そこで、さかんにうさぎなどの実験動物の皮下に細菌を注射するなどして、実験に励んでいたものです。

長期間、菌を打ちつづけることにより、免疫が失調して病気を起こすのではないかと、当時は仮説を立てていました。

それからおよそ半世紀が経ち、いまでは心身ともに健康な状態を保つためには、腸内環境を良好に保つことがどれほど必要かということは、だいぶ明らかになってきています。

本書でもそれを受けて、腸内環境のよし悪しが、免疫力、自然治癒力、心身の健康増進と深くかかわっているということについても、詳しく述べていきたいと思います。

最近の研究により、ガン、動脈硬化、糖尿病、リウマチ・膠原《こうげん》病、アレルギー、アルツハイマー病、筋委縮性側索硬化症、うつ病などの多くの疾患の原因に、免疫反応が関与していることが解明されつつあります。

そこから類推されるように、もし、免疫失調が多くの疾患の原因となっているとするならば、腸内環境を改善、免疫力を向上させることによって、あらゆる病気の予防につながる可能性があるのではないかと、期待がもたれるわけです。

腸内環境を改善する

大人の腸管は、全長約7メートルにも及ぶといわれますが、ここに全身の免疫系の60パーセントが存在しています。つまり、私たちの免疫組織は、腸によって土台がつくられているといってもいいでしょう。

腸は食べ物を細胞やエネルギーに変える働きをする消化吸収だけでなく、神経系、免疫系にも大きく関係しているのです。

免疫系の細胞には「マクロファージ」「リンパ球」「顆粒球」などがあります。そのうち腸の消化細胞とルーツは同じであるマクロファージが免疫の基本となるもので、腸管で栄養を吸収する上皮細胞と同じ働きをしています。

一方、リンパ球、顆粒球は、マクロファージとは、まったく別の細胞で、マクロファージの次に新しく分化してできたものです。リンパ球も顆粒球も、その先祖であるマクロファージを抜きにしては、働くことができません。

マクロファージは「貪食細胞」として、外から入ってきたもの、ウイルスや細菌などを破壊します。そして、マクロファージだけで処理しきれなくなると、リンパ球に抗体を作らせ、抗体の作用によって貪食能を高めます。

このように、免疫の根本が腸管にあるということは、腸の健康が全身の健康のカギを握っているということを示唆しているわけです。

たしかに、胃腸の弱い人は風邪をひきやすいですし、あまり無理がきかない。がんばることが苦手です。根性の根とは、木の根っこのことで、木を支えると同時に栄養を吸収するところでもあります。人間にとっては、それが腸にあたるのです。

腸が免疫をつかさどっているということは、人の免疫力は腸の強さに比例しているることになります。免疫力がその人の体力や精神力にも大きくかかわってくるのには、こんな理由があるのです。

現代人は、柔らかいものばかり好んで食べる傾向がありますが、そのために消化能力も落ちています。すなわち、腸の働きが弱くなっている。だから、昔の人に比べ、免疫力ばかりでなく、精神面においてもか弱くなってきているのではないでしょうか。

「自然免疫系」と「獲得免疫系」

いわゆる「自然免疫系」は、発生的には脊椎動物より下等な動物にも備わっている原始的防衛機構です。その構成成分は、以下の6つです。

①リゾチーム、②補体、③インターフェロン、④マクロファージ、⑤ナチュラルキラー細胞（NK細胞）、⑥ナチュラルキラーT細胞（NKT細胞）

たいていの病原菌は、これらの自然免疫系によって、最初に防御され、はっきりした感染が成立する前に排除されます。

NK細胞やNKT細胞が、ガンの増殖抑制と転移の阻止、さらにエイズ・ウイルスなどのウイルス感染を予防します。また、リウマチなどの自己免疫疾患やアレルギー疾患の発生に関係していることもわかってきました。

これら自然免疫系の働きによる最初の防衛線が突破されてしまった場合には、T細胞、B細胞といった「獲得免疫系」の出番になります。

獲得免疫系は、マクロファージ（樹状細胞）とT細胞、B細胞の協力によって成立します。

まず、樹状細胞が貪食し、これを消化して、その一部分を抗原情報としてT細胞に伝達、このT細胞が次にB細胞に抗体を作るように指令を出します。

こうしてできた抗体が病原を攻撃。一度抗体を作ると、その記憶はT細胞に残ります。一度した病気は二度としないという免疫のシステムが、こうしてできあがるわけです。

生命誕生の大本となる受精卵は、発生の過程「のう胚期」（風船状）に、表面の一部が外側から内側にくぼんできます。この最初に内側にくぼんだ部分を「原腸」と

免疫バランスがくずれると発症

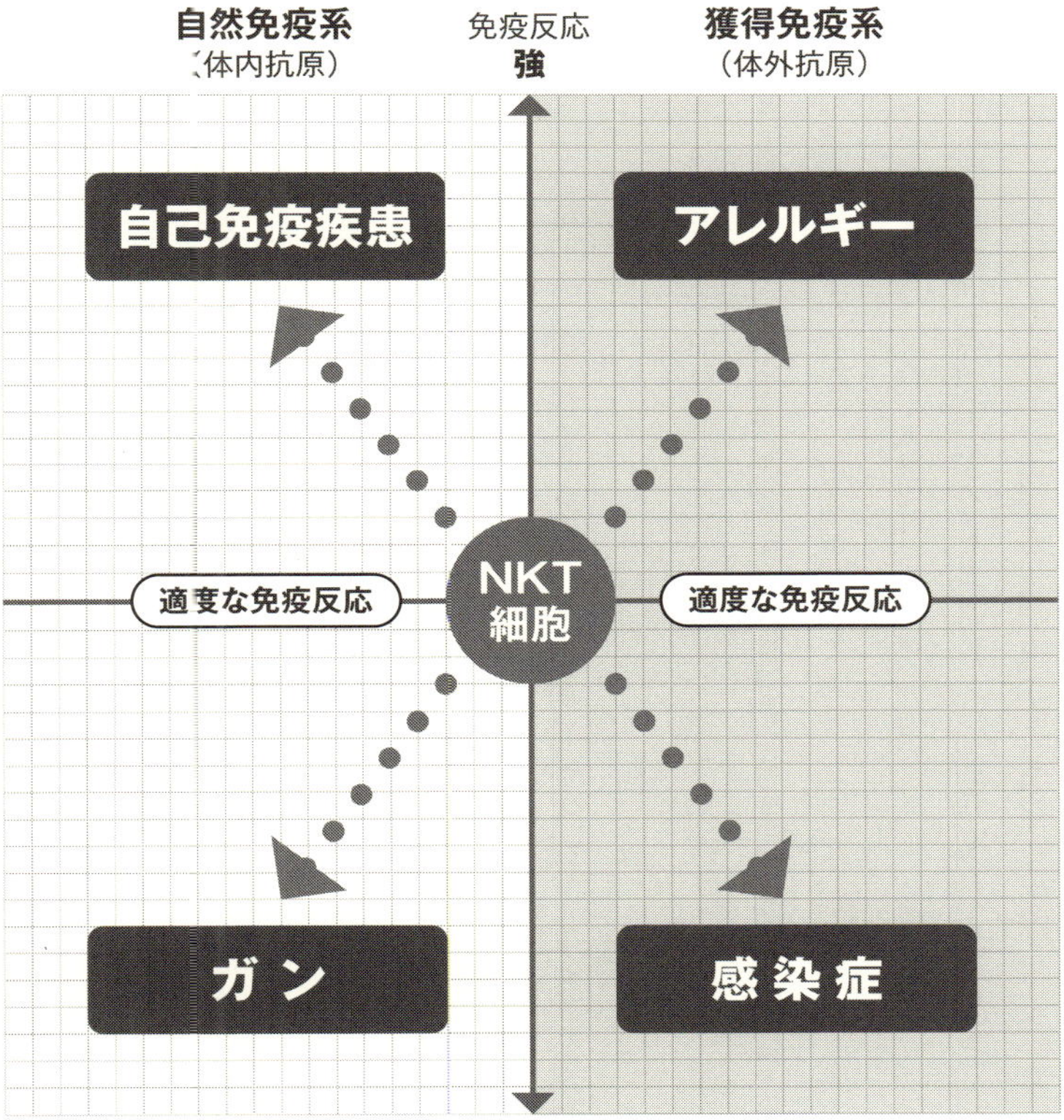

● 体内抗原に対する免疫が弱くなるとガンを、対外抗原に対して免疫が弱まれば、感染症をひき起こす可能性が高まる。

いいます。外側が「外胚葉」、内側が「内胚葉」で、この内胚葉の細胞の一部が分かれて「中胚葉」になり、それが免疫組織のもとになります。

私たちのお腹には100兆個もの菌が棲んでおり、赤ちゃんが生まれて3、4時間後には、腸の中に菌が棲みはじめます。その菌の刺激によって、菌と共生するために腸管は抗体を作り出します。

もし、無菌状態であるなら、赤ちゃんは抗体を作ることができません。それだけでなく、腸管自体も発達しません。

このように、腸の中に菌が棲み、その菌と共生するために、まず腸管が働いて抗体を作ります。これが、人間が免疫を獲得する最初の手続きとなるのです。

先にも述べたように、現代医学はもはや限界に来ている。「頭打ち」といってもいい状況です。生体の自然治癒力を無視して病原を取り去ることに特化してきた現代医学のあり方には、限界が見えています。

では、いったいどうしたらよいのでしょうか――。

そこで私は、いま一度、生活習慣を自然に戻し、野生動物たちにならって、彼らのようなたくましい自然治癒力・免疫力を回復する手立てを探っていきたいと考えています。

21世紀の医学は、野生の動物たちから学ぶことが、たくさんあるのではないでしょうか。

日の出とともに起きて、日が暮れたら家に帰って体を休める。車にはできるだけ乗らずに、普段からよく歩くように心がける、食事は地元で採れた旬の食材を中心とした一汁三菜の食事を、腹八分目にしていただく。

もっとも、日の出とともに起きるなどということは、現代のライフスタイルにはそぐわないことも多々あるとは思います。この場合、できるだけ夜ふかしは避け、早起きを心がけるとか、暴飲暴食はしないといった程度に考えていただいてもけっこうです。これまでの生活を、ある日突然変えるなどということは、かえってストレスになってしまいますからね。

せっかくの休日に、テレビの前でポテトチップスをつまみながらビールを飲んで、ごろ寝ばかりしている。そのような人は、せめて太陽の出ている時間帯に近所の公園を散歩するといった程度のことからでも、生活を変えていきましょう。

できる範囲のことから、ご自分の体の中の「自然」を回復させられるよう、心がけていきましょう。

長寿を支えてきた伝統食

都道府県別、平均寿命のランキングの変遷（厚生労働省・都道府県別生命表による）を見ていくと、かつて男女とも長年、長寿県ナンバー1の位置についていたのは沖縄でした。それが、2010年には、女性は87・02歳で3位に、男性は79・40歳で、かつてのトップからガクンと落ちて30位と低迷してきています。

その沖縄に代わってトップの座についたのが、男女とも長野県で、男性80・88歳、女性87・18歳です。

長野の場合は、たんに平均寿命が長いだけでなく、平均寿命がトップになる以前から、「健康寿命」では日本一を誇っていました。

健康長寿をもたらすさまざまな要素のうち、みなさんもよくご存じのように、健康長寿と食べ物、つまり食生活が健康長寿に及ぼす影響には、非常に大きいものがあります。

沖縄が長い間、長寿県のトップの座にあったことは、前述したとおりです。その沖縄の長寿比率に陰りが見えてきた背景にも、この食生活の変化が大きく関与しています。

沖縄の伝統的な食事は、戦後、アメリカ軍の基地が広大な敷地を占めるようになり、アメリカの食習慣が入ってきてから、大きく変化しました。その一例が、昆布の消費量にも表れています。

沖縄県の平均寿命が日本一だった背景には、一般論として、昆布をよく食べるということが、昔からよくいわれてきていました。

これについては、大学の教授がきちんと「エビデンス」（実データ）を取って証明したものではありませんが、昆布の消費量と平均寿命には、因果関係があるのは確かでしょう。

もっとも、沖縄で昆布がよく食べられていたといっても、南の島・沖縄で、昆布がとれるわけではありません。

北海道でとれた昆布を中国に輸出していたという古い歴史の中で、沖縄は、その中継点の役割を果たしていました。それで、昆布がとれない地域でありながら、たくさん食べられていたのです。

かつての沖縄の食卓では、たとえば伝統食といっていい豚肉の煮込み料理などにも大量に使うなどして、昆布は欠かせないものでした。

この昆布には、フコイダンという多糖体が豊富で、コレステロールを排泄する作用があって、まず、動脈硬化の予防にもなります。そして、カルシウムが豊富で骨を丈夫にする。さらには免疫力を高めて、ガンの予防にもなるという、いくつもの優れた働きをもっています。じつにすばらしい健康食品なのです。

けれども、いまの沖縄の若い世代では、そうした昆布を使った、おばあによる手料理は、急速に姿を消しています。そして、伝統食の代わりにアメリカ式の食事が主流となっています。

戦後、いち早くハンバーガーにポテトチップス、コーラなどのジャンクフードが入ってきたのが沖縄でした。若い人に人気の「スパム」は、ポークの缶詰で、アメリカ軍によってもたらされました。

健康で長寿を誇っていた沖縄の人々は、そうしたアメリカ式の食生活を享受するのと引き換えにして、健康長寿に陰りが見えてきたわけです。

2008年4月から始まった厚労省による「特定健康診査・特定保健指導」において、沖縄はワースト1位となってしまいました。特定健診を受けた人のうち、生活改善が必要とされた保健指導対象者が、21・3パーセントもいたのです（全国平均は、15・3パーセント）。

では、平均寿命（男性80・88歳、女性87・18歳）、健康寿命ともにトップの座についた長野県では、いったい何が起こっているのでしょう。考えられる大きな理由は二つあります。

一つには、長野県全体が、行政も住民も一丸となって、予防医学にたいへん力を入れてきた県だということがいえるでしょう。

戦後まもなく、佐久総合病院に東大出身の若月俊一先生が院長に赴任。農村医学、予防医学に力を注いで、健康知識を地域で助言する保険指導員の制度を充実させるなど、県の保健医療に多大に貢献されたことは、よく知られています。

そうしたことに加え、かつての沖縄と同様に、長野県にもここならではの優れた食文化がありました。

その一例が、「蜂の子」「イナゴのつくだ煮」であり、「タニシのつくだ煮」。昆虫や貝類からも、タンパク質やカルシウムやキチンを大量に摂取していたということがあるでしょう。また、寒い地方ですから、野沢菜の漬け物などの発酵食品、さらにはりんごなどの果物もよく食べていました。

とはいえ、それも昔の話。長野県においても、近年、沖縄同様、蜂の子やタニシなどの伝統料理は、急速にすたれてきています。しかし、きのこの消費量は、日本一です。

そうした食生活の変化が、今後どのような影響を及ぼしていくか、危惧される点です。

一方、近年、健康長寿が延びていることで注目されているのが、静岡県です。静岡といえば、その温暖な気候と漁港に恵まれていることで知られています。さらに特筆すべきは、日本茶がよく飲まれていることでしょう。

茶どころである静岡の川根地区では、日本茶の消費量は、全国平均のおよそ10倍にものぼるといわれています。実際のところ、静岡県の茶どころでは、胃ガンの発生率が非常に少ない。この日本茶をよく飲むということと、胃ガンの発生率には、やはり因果関係があるだろうと思われます。

最近になって、コーヒーの健康に及ぼす優れた影響についても、いろいろ知られてきています。しかし、日本茶がコーヒー以上に優れた健康食品であることは、間違いないでしょう。

そうした研究を実際にしているのが、日本ではなくアメリカだというのも、面白いことです。

健康にいい食べ物について、ここで紹介したのは、ほんの一例です。

本書では、何をどう食べたら健康になれるのか、私が知りうる限りの〝健康食品〟についても、述べていきたいと思います。

日本の法律では、「食品」に関することは農林水産省、「薬」は厚労省といったぐあいに、それぞれ管轄が異なっています。

農林水産省で扱う食品は、あくまで食べ物。ですから、その食べ物がたとえ健康によい効果をもたらすものであっても、それが健康にいいとかよくないとか、ましてや病気を治す効果があるとかないとかについては、触れてはいけないことになっています。これは日本の法律の大原則です。

けれども、食べ物は薬であることも、また事実です。それが、東洋人であるわれわれにとっては、古来からなじみの深い〝医食同源〟ということです。

疲れたときには酢の物やビタミンCの豊富な果物を食べるとよいとか、風邪のひきばなに寒気がしたら、卵みそのおかゆやしょうが湯を飲めばいいといったような、食べ物には、それぞれ薬効が備わっているということは、みなさんも経験的によくご存じでしょう。

くず湯の「くず」は、漢方では立派な生薬ですね。医食同源については、別の項目で、詳しく述べていくことにします。

健康こそ人生で最もだいじなもの

21世紀を迎えたこの地球上の人類にとり、いま直面しているもっとも大きな課題とはいったい何でしょうか。

景気がよくなる、よくならない、ということは、もちろんこの世の一大関心事であることは確かでしょう。でも、この世の中には、それ以上に大切にしなければならないことがあると私は思っています。

それは、この先もずっと、われわれがいまの状態のまま、健康で楽しく生きつづけられる社会を維持していけるかどうか、ということです。

「幸せで楽しく」を持続させていくためには、まず、われわれ自身が健康でなければなりません。楽しく生きるためには、その根本には、健康であるということが絶対欠かせない前提条件だと思われます。

そうした中で、私がみなさんにいちばん訴えたいことは、教育の大切さです。「教育改革」ということが、いま盛んに言われていますね。教育の中には「健康教育」というジャンルもあります。

お子さんのいらっしゃるご家庭なら、〝食育〟という言葉を聞かれたことがあるでしょう。

この食育というのは、まさに食が健康をつくるのだということを教える健康教育の根幹をなす部分です。

昔から「食養生」という言葉があるように、健康を維持していくためには、何をどのように食べていったらいいのか。人間が生きていくうえで、もっとも大事な、根本となることを教えるのが、食の教育である「食育」です。

何をどのように食べるかといった「食養生」が、健康の大本をつくっているのだということを、みなさんにもよく理解していただきたい。そう思いながら、本書の執筆にあたり、毎日の診療にあたっています。

きょう食べたものが、あしたの自分の体をつくるということを、いつも心に留めておきましょう。

治療の医学から予防の医学へ

なぜ、健康がそれほど大事なのか？　それに対して、疑問をもつ人はいないと思います。「いかに健康を守るか」ということを考えた場合、いまやそれは個人レベルの話ではなく、国家の存続がかかっているのだといっても、けっして大げさではないでしょう。

ここでいま一度、日本の医療費の現状がどのようになっているのか、おさらいしておきます。

ここにあげる数字は、いまから2年前のもの。２０１１年度の時点で、日本の医療費は37・８兆円にものぼっています。

これは２００６年度に比べて４・７兆円もアップ、10年前の１・２倍、20年前の１・７倍で、まさに日本の医療費は、天井知らずに膨れ上がっています。

日本は世界に冠たる長寿国となった引き換えに、膨大な国家予算を医療費に費やしているというわけです。この傾向がこのまま続けば、膨れ上がった医療費によって、日本の国家予算は早晩パンク。自分で自分の首を絞めるような状況に陥りかねません。

超高度に発達した科学技術を駆使する治療によって、医療費はさらに高騰。手術料も上がれば、薬代も上がり、もはや医療費の高騰を見のがすわけにはいかない状況であることは、誰の目にも明らかです。

どこかの時点で、これ以上、医療費が増大するのに歯止めをかけなければなりません。

医療の技術は進歩して、どんどん新薬が開発されています。けれども、悲しいかな、病気そのものが少なくなる、または減っていくということにはなりません。

前述したとおり、ガン患者は増加の一途で、病気自体が減っていく気配もありません。

どんなに現代医学が進歩しようとも、病気をなくすことはできない。

これはどういうことかというと、つまり現代医療は、もはや限界に来ているのではないかと、私には思われるのです。

ガンといえば、いまは手術、放射線、抗ガン剤が、不動の三大治療法となっています。

そこに、たとえば気功や鍼灸、漢方、アロマテラピーといった「代替医療」と呼ばれる、医学部で教える治療法以外のものも組み合わせた「統合医療」を試みるべきではないかというのが、私の考えです。

そうした代替医療は、いわば「予防医療」にもつながるもので、病名が確定されて診断が下される前の、なんとなく体がだるい、眠りが浅い、調子がよくないといった状態――東洋医学では、それを「未病」と呼びますが、未病の段階から、体を守り、整えていくことが、これからの時代はますますだいじなことになっていくのではないでしょうか。

「病気を治す」、ないしは、「根絶する」ことを目的とする西洋医学に代替医療を取り入れることによって、「健康を守る医療」、すなわち「病気にならない体づくり」を目指すのが、21世紀の医療のあり方だと私は考えているのです。

代替医療と呼ばれるものには、大きく分けて、次の8つのカテゴリーのものがあります。

①　食養生
②　エネルギー療法＝気功、スピリチュアル・ヒーリングなど

「いいとこ取り」の統合医療

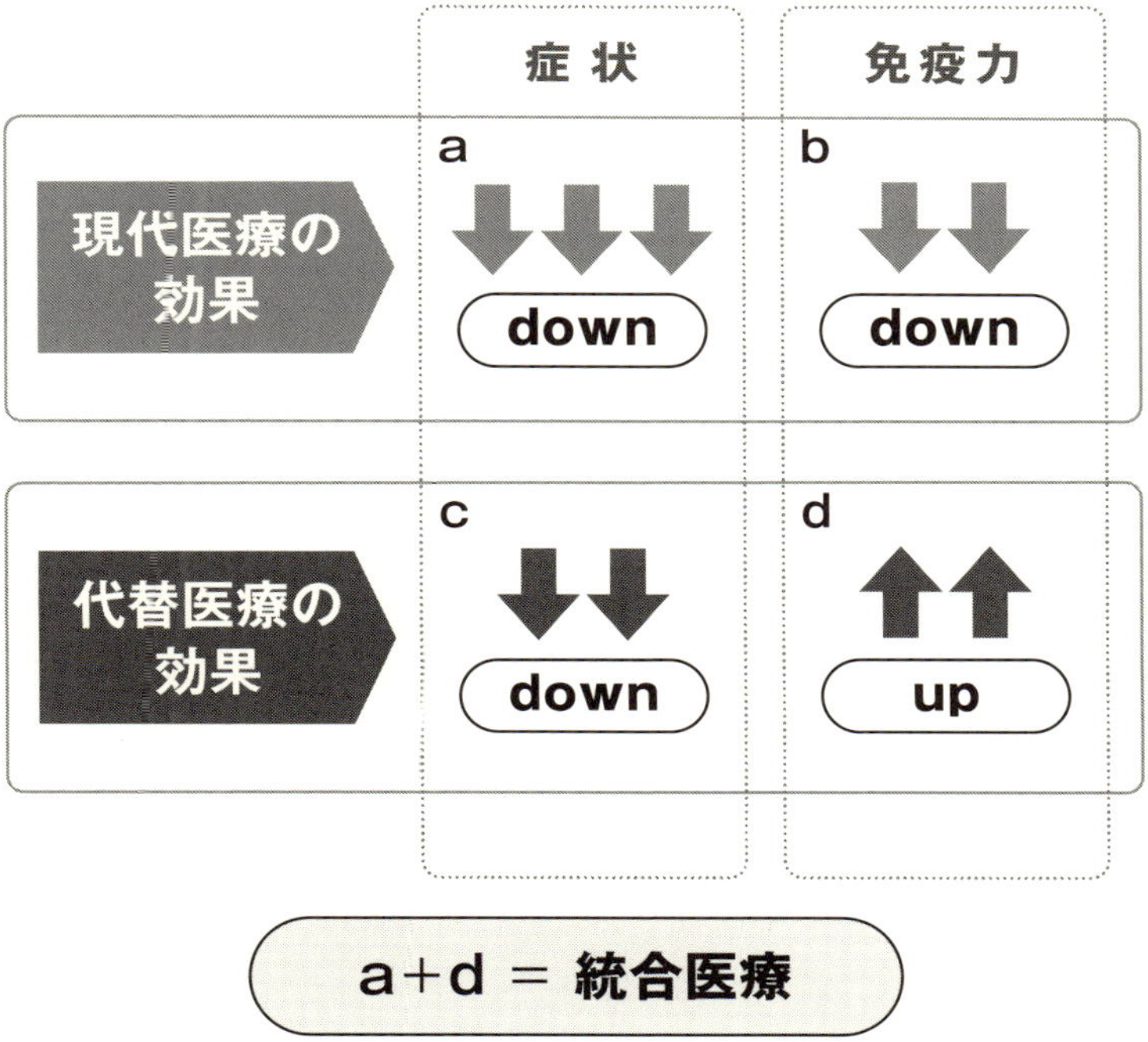

● 症状を抑えるとともに、免疫力を高めてくれるのが統合医療のよさ。

③　ホメオパシー
④　アーユルヴェーダ、中国医学などの伝統医療
⑤　自律訓練法、アロマテラピー、音楽療法、瞑想など
⑥　薬物療法＝薬草、自然薬、ワクチン（丸山ワクチンなど）
⑦　免疫療法
⑧　カイロプラクティック、頭蓋仙骨矯正法、指圧、鍼灸、マッサージなど

このうち、私がもっとも重視しているのは、①の食養生です。

先に述べた「医食同源」とは、この食養生の基礎となるものです。食べたものが薬になるということは、みなさんも経験上、よくご存じのはずです。つまり、「食べ物と薬の大本は一緒」だということです。そのことを忘れて食育も食養生もありません。さらに、食養生なくして、病気にならない体づくりはありえないのです。

私は西洋医学を修めた医師です。しかし、医者になった当初から、西洋医学だけで病気を治すのには限界があると考え、その後、縁があって漢方医学も合わせて研究するようになりました。

理想的なのは「統合医療」

先に「未病」ということについて、すこし触れました。漢方では、ほんとうの意味での健康を守るためには、未病のうちにもとの体の状態に戻してあげるということが、基本の考え方になっています。

みなさんも、よく知っている健康飲料に、「養命酒」というのがあるでしょう。冷え性とか寝つきがよくないとか、そういったことは、いくら西洋医学の観点から検査をしても、数値に異常はあらわれません。けれども、患者さんのほうは、毎日、なんとなく具合が悪いと感じています。

疲れやすい。やる気が出ない……。そういった部分に関与できるのが、漢方などに代表される東洋医学です。

現在の日本では、医学部で西洋医学を修め、国家試験にパスしなければ医師とは認められません。しかし、中国やアメリカでは、「中医」といって、医者が漢方や薬膳、鍼灸、推拿《すいな》(手技療法、マッサージ)、気功など、日本では代替医療の範疇に入るもので患者を診ることが許されています。

もっとも、江戸時代末期に西洋医学が入ってくるまでの日本においても、「蘭医」を除けば、医者という言葉は漢方医をさしていました。江戸時代までの日本の漢方治療は、世界でも最高水準にあったといわれています。

それを大きく変えたのは、「明治維新」でした。

「脱亜入欧」を旗印に掲げる新政府は、医学関係者に西洋医学と東洋医学のどちらを国家として認めるのかとの廟議《びょうぎ》をはかりました。それによって、わずかな差で、ドイツ医学を正式に採用するということが決定されたのです。

西洋医学は、いってみれば戦争によって発達した医学で、解剖学に基づいた外科的なものを得意とします。悪いところを取り除く、病原菌やウイルスをやっつけるという発想をします。

東洋医学についてはあとで詳しく述べますが、たとえば、痛みが起これば、それは生体からの信号であると捉えて、痛みのもととなるものを探って治していこうと考えます。

風邪などの感染症は「病邪」が入ってきたものだから、それを汗や便によって外に出す。そのことによって自然治癒力を高め、病邪を追い払おうというわけです。

西洋医学では病原菌そのものを退治することを考えますが、東洋医学では、むしろ菌との共生をめざすということが、その考え方の根底にあります。

これは、それぞれの立脚点が異なっているということであって、どちらが優れているとか劣っているとかいう話ではないでしょう。

けれども、結果として、それまで開業していた漢方医は、いったんは衰退の憂き目にあうことになります。

そうした中でも、やがて西洋医学一辺倒の日本の医学のあり方に限界を感じた医師らの働きによって、漢方医学がすこしずつ見直されてきたのも事実です。

そうして、1976年、当時の日本医師会会長の武見太郎氏と北里研究所付属東洋医学総合研究所所長の大塚敬節氏らの働きによって、医療用の漢方エキス製剤が、保険収載されることとなりました。再び、わが国でも、漢方薬が一般に安価に用いられる道が拓けたのです。

一昨年(2011年)の日本漢方生薬製剤協会のインターネット調査によると、全国の医師のおよそ90パーセントが、漢方薬を使用していると回答しています。

ここで興味深いのは、世界の中でも図抜けて西洋医学の先進医療を誇る日本において、そこに限界を感じ、再び西洋医学を補充代替する意味で漢方が一般に認められてきた点です。

10年前、20年前に比べれば、ずいぶん市民権を得てきているといえるでしょう。

私が考える21世紀の進むべき医療の方向も、こうした漢方をはじめとする東洋医学や代替医療といわれるものを統合した医療（統合医療）にほかなりません。

第4章

日常生活のなかで
予防するのが、
東洋医学の神髄

「未病」のうちに治してしまう

ではここで、そうした統合医療の片翼を担う東洋医学とは、いったいどういう考え方のものなのか。先に重なる部分もありますが、再度、説明していきましょう。

漢方のベースとなっている東洋医学では、人間の体が健康な状態であることを「正気《しょうき》」と呼んでいます。

それに対して、病気の状態を「病邪」が入ったという。つまり、病気になるのは、病邪が入ってきたためであり、病原菌、寄生虫、ウイルス、熱中症、ホルモンの分泌異常、ガンもすべて病邪のしわざだと考えます。

西洋医学＝現代医学では、病気になるもと、つまり病原菌とかウイルスとかガンとか、その大本を見つけようとする。それが、西洋医学の基本の考え方です。病気のもととなっている、原因となる菌やウイルスを殺せば健康になると考えるわけです。

ガンを切り取ってしまえば治ると考えて手術する。抗ガン剤を投与する。放射線をかける――。これらは、どれもガンを殺す目的で行われます。

では、いったん殺したはずのガンが、なぜ再発するようなことになってしまうのでしょう。この30年間、ガンの治癒率は50パーセントを超えていません。

ガン患者の半数の人は、こんなにも高度に発達した西洋医学をもってしても、依然として完治するということが難しい。この事実を、私たちはどう考えたらよいのでしょうか。

考えられることの一つは、まず、ガンになってからでは遅いということです。

そうであるならば、ガンになる前、発病する前の段階で、ガンの可能性を見つけ、病気が進むのを遅らせるか、進ませないようにする。それこそが適切な治療だと考えられます。

最近では、それを「先制医療」と呼び、この分野の第一人者が、京都大学の名誉教授で、先端医療振興財団理事長の井村裕夫先生です。

ガンが発病する以前に早期診断をして、先手を打つ早期治療をするようにしていかなければ、現況の社会保険制度では立ち行かなくなってしまうと、井村先生は指摘しています。

井村先生のいうところの先制医療とは、私が前述した「予防医学」にもつながる

ほとんどが「未病」状態の現代人

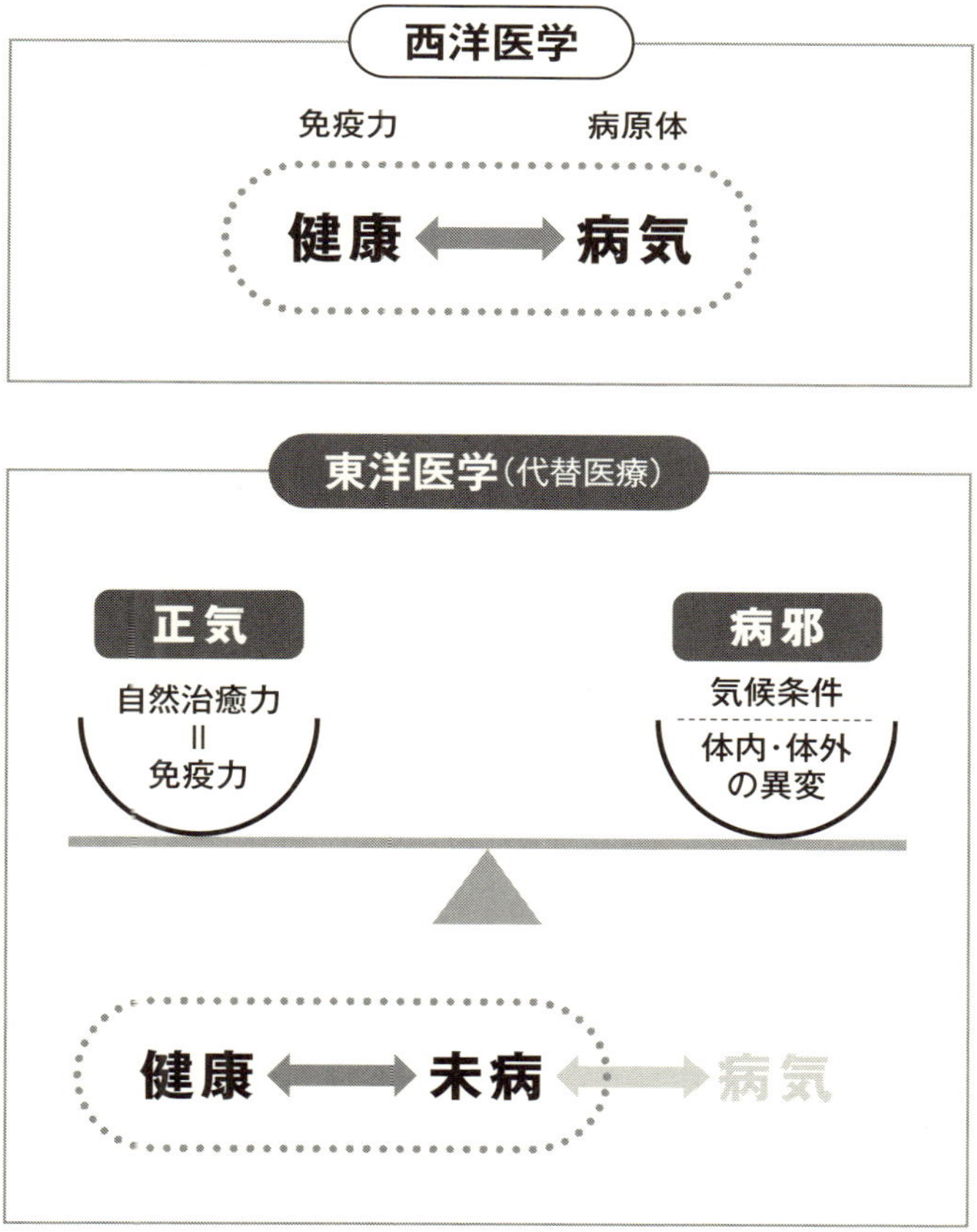

● 未病＝半健康状態のうちに免疫力を高めようというのが、東洋医学の考え方。

ものです。

つまりは、病気を治すよりもだいじなことは、病気にならない健康な体をつくること。これ以上、病人が増えていくのを、むざむざ見過ごしていくことは、現代医療=科学的医療最大の罪であると、私は考えています。

このままの状態で高齢者が増えつづけていけば、早晩、医療費は70兆円から75兆円を超えるだろうといわれています。

そこで注目していきたいのが、前述した漢方を含む東洋医学、東洋医学を含む代替医療です。

前漢時代に書かれた中国最古の医学書『黄帝内経《こうていだいけい》』においても、

「上工は未病を治し、已病を治さず」

「聖人は、已病を治さずして未病を治す」

とあるのをはじめ、唐の時代から、

「上医は未だ病まざるの病を医し、中医は病まんと欲する病を医し、下医はすでに病むところの病を医す」

と言い伝えられてきています。

このように、古来より漢方医学においては、病の始まりの時点で発見し、早期に治療するのが、腕のいい医師であるという思想のもと、予防医学をたいへん重視してきました。

いまこそ、その原点に立ち返るときが来ています。

西洋医学はあくまで病気を治す医療ですが、いくら西洋医学を極めていっても健康は得られません。ならば古来からの伝統医療でもある東洋医学や代替医療の分野からもいいところは取り入れて、両者を統合して患者をみる統合医療＝「ホリスティック医療」こそが、21世紀に求められる医療の姿になるだろうと思うのです。

人々が健康で、楽しくその健康を維持していくことができる社会になれば、誰もが幸せになれるはずです。

ここで、楽しく生きる——などということをいうと、きまじめな方々からは、なにかふざけているようだと誤解される面もあるかもしれません。が、楽しいということは、人間が生きていくうえで、じつはもっとも重要なことなのだと私は思っています。

私が考えるいちばんすばらしい生き方は、この「道楽」を極めることです。

とかく私たち日本人は、「道徳」とか、「人道的」であることをとてもたいせつに考えがちです。

しかし、私は、この人間が必ず通らなければならない「道」、それを「楽しめる」ことこそが、すばらしい人生だと思うのです。道楽とは、その字のごとく「道を楽しむ」こと。そして、道を楽しむためには、まず健康でなければなりません。私が考えるところの道楽とは、そういうことです。

日本に古来から伝わる芸ごとには、「茶道」「華道」「剣道」といったように、すべて「道」という字がついています。他から特別に教えられることがなくても、人間として冒してはいけない、ちゃんとそうあるべき姿に沿った生き方をすることが、道を究めるということです。「人道的である」とは、そういう意味です。

ですから、それを楽しめるということが、最高の人生だと思うのです。その人生を楽しむためには、当然のことながら、健康であることが必須条件となるわけです。

対症療法としてすぐれている現代医学

現代医学とそれ以外の東洋医学をはじめとする代替医療の違いを、薬という観点から見ていくと、いちばん大きな違いは、まず、現代医学の薬は、「症状をとる」ということに関しては非常に優れているということがいえます。

たとえば、痛み止めの注射を打つと、一発で痛みがとれます。けれども、それによって病気がおさまるわけではなく、治癒力が上がるわけでもない。もっといえば、免疫力を押しなべて下げてしまうものでもあります。言ってみれば、「その場しのぎに痛みをとる」、「熱を冷ます」といった対症療法であり、病気の根本を治すことには至りません。

その点、代替医療の多くは、漢方薬にしても、自然治癒力を高め、免疫力を上げる力があります。ここに、西洋医学とその他の代替医療との大きな違いがあります。

漢方を例にすると、漢方薬は食べ物の二次的な機能を抽出したものです。

みなさんも、風邪をひいたら風邪薬を飲んだり解熱剤を使って、その症状をとったという経験があると思います。しかし、それは、たんに症状をとっただけであって、風邪自体を治したわけではありません。

風邪を治したのは、みなさん自身がもっている免疫力の働きによります。

子どもが風邪をひいたら、昔のお母さんは、薬など何もなくても、あつあつのおかゆに梅干しを入れて食べさせたり、りんごをすって飲ませたりしました。それで風邪を治すことができたのです。

これこそ代替医療や伝統医療といわれるものの考え方で、そうした発想が現代医学にはありません。

現代医学で、血圧を下げたり、糖尿病を治したりするのは、すべて化学療法になります。その中で、ただ一つ有効なのは、抗生物質でしょう。細菌による結核やその他の感染症の場合、抗生物質によって命が助かるケースは、枚挙にいとまがありません。

抗生剤がこれほど有効な理由は、細菌とわれわれの細胞とは、その成り立ちが違うからです。言い換えれば、われわれの体細胞に比較して細菌は原始的なため、生命力がはるかに弱いのです。

これに対して、抗ガン剤の場合、抗生剤とは事情が少し異なります。ガン細胞は、正常な細胞よりもはるかに生命力が強い。だから、抗ガン剤を打つと、ガン細胞がやられる前に正常な細胞がダメになってしまうこともしばしば起こります。

胃腸の粘膜が傷ついて吐き気が起こったり、骨髄がやられて貧血になったりという副作用にどれだけ耐えられるか。どちらが勝つかといった、「せめぎあい」になるわけです。

化学療法は両刃の剣

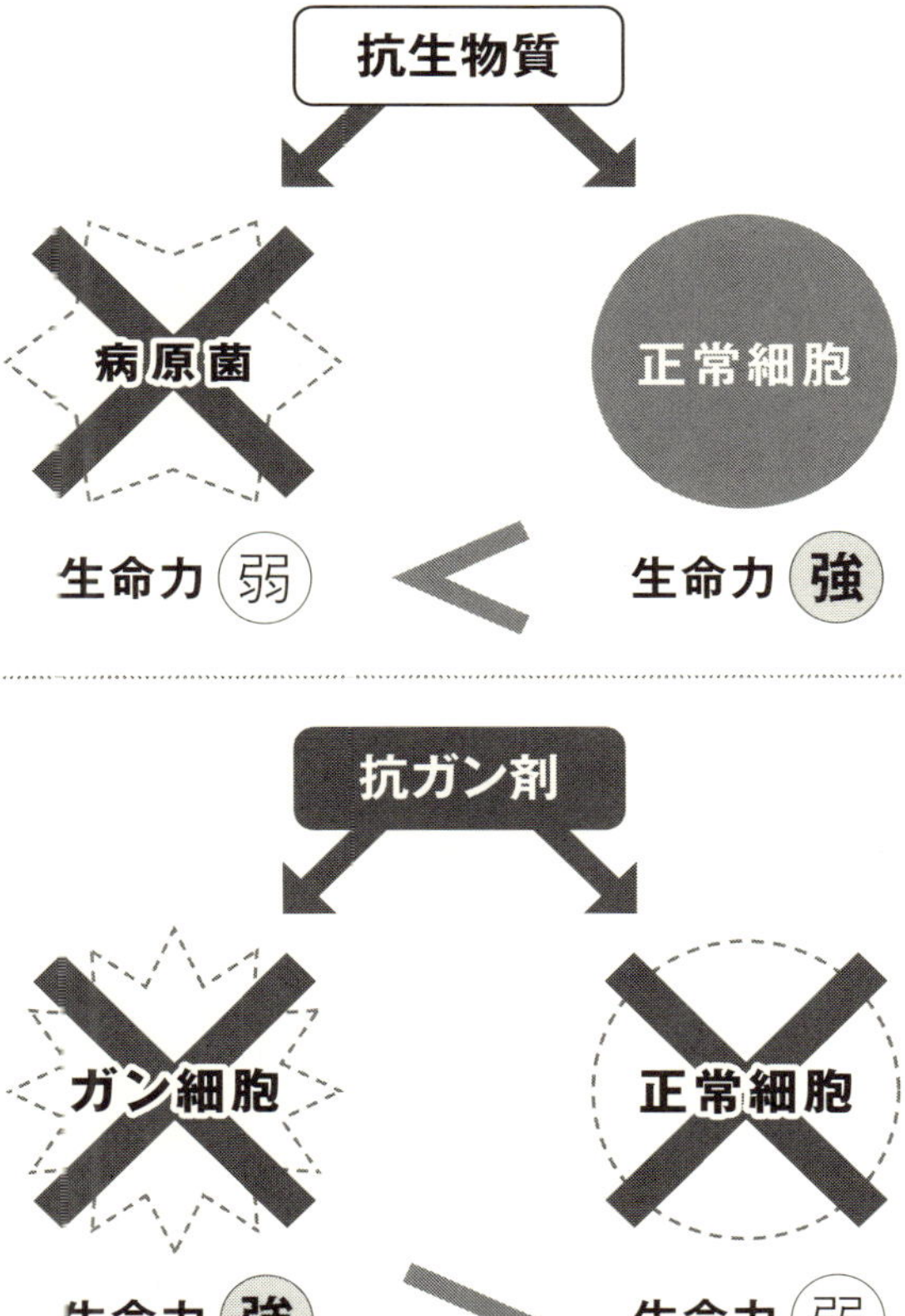

● とりわけ抗ガン剤は、生命力そのものを弱めてしまう可能性が高い。

何回抗ガン剤を打ってもガン細胞が再び活性化してくるのは、こちらのほうが正常な細胞よりも生命力が強いためです。

最近の抗ガン剤の副作用はだいぶ少なくなってきていますが、それでもガンを根絶することはできません。

抗ガン剤でガンを抑えたとしても、せいぜい1、2年の間しか効かないということが珍しくないのは、一時的にその働きを止めているだけにすぎないからです。

根底にある「医食同源」の思想

既述しましたが、古代からの伝統医学である東洋医学の基本には、「医食同源」という考え方があります。

もともと、すべての動物には食べ物によって健康を守ってきたという歴史があります。

人類にしても、300万年ほど前に二足歩行を始め、手を使うようになる以前からの長い歴史からみた場合、現在のように製薬会社が工場で作るような薬などなかったわけです。

つまり、長い長い人類の歴史の中で、健康を守るものといえば、目に見える形のものとしては、そのほとんどが「食べ物」でした。そして、ここでいう食べ物とは、自然によってもたらされる、動植物を中心とした「海や山からの恵み」です。

「食べ物が薬になる」ということを、人類は古代から経験的に知っていました。そこから医食同源をベースの考え方とする東洋医学は生まれました。中国語では、「薬食同源」といいます。

これがいまの「漢方生薬療法」のルーツとなっているものです。

東洋医学では、何をどう食べるかということが健康を守るうえで、とても重要なポイントになっています。

一方の西洋医学では、顕微鏡の発明によって病原菌が発見され、それらによって伝染病がもたらされることがわかってからは、まずその菌を殺す化学物質を作ればいいのだという考えが生まれました。

他方、同時期に、フランスのパスツールが予防ワクチンを発明したことは、現代の「免疫療法」のルーツともいうべきものです。現代医学の治療法の基本は、すべてこの化学療法に始まります。

東洋の漢方医学とは、ここの視点が大きく異なります。

前述したように東洋（漢方）医学では、私たち人間の健康を守っているのは、「正気」と呼ばれるもので、これは「自然治癒力」と言い換えることもできます。そして、この人間の健康を守っている正気の正体は、「免疫力」であると、私は考えています。

これら正気や自然治癒力、免疫力と呼ばれるものを活性化してくれるのが、海や山からの恵み、すなわち食べ物である——。

東洋（漢方）医学では、食べ物が健康をつくる源であるということを、医食同源＝薬食同源という言葉で表したのです。

体のバランスの乱れが病気を生む

草食動物はみな、地面の土から生えている草をはんでいます。

その草を食べる動物を襲って食べるのが肉食動物です。みなさんの中には、肉食動物というのは毎日ビフテキを食べていて、野菜など好まないと勘違いしている人がいるかもしれませんが、そんなことはありません。

草食動物をはむ肉食動物は、その草食動物のお腹に収まっている草をも一緒に食べることになるので、間接的に消化された草を食べることになります。

じつは、肉食動物は草や木を消化する菌を腸の中にはもっていません。肉食を好む白人も同様です。

一方、草食動物である牛など、腸が長い動物ほど、草や木を発酵させる菌を腸の中にもっています。草や木を自分の腹の中で消化するためには、こうした菌が必須なのです。

ところが、肉食動物の場合は、草食動物がすでに消化してくれた草を間接的に体内に取り込むわけですから、消化するための自前の菌が増えることはない。

その代わり、すでに草食動物によって消化された草をその腸内の菌と一緒に食べることによって、自身の腸内に棲む常在菌のバランスを保っています。野菜を食べない肉食動物は、このようにして健康を維持しているわけです。

健康とは、こうした体の中のバランス、調和がとれた状態のことです。

逆にいうと、病気とは、この体内のバランスを崩した状態ですから、病気を治療するには、このくずれたバランスを戻してあげればよいわけです。

東洋（漢方）医学ではそのように考えます。

つまり、西洋医学では「病気は取り去ればいい」、「手術や抗ガン剤で病巣を取り除き、細菌は殺してしまえばよい」と考えるのに対して、東洋（漢方）医学では、「病気とは体の中のバランスがくずれている状態であるから、そのバランスを取り戻してあげれば健康を回復することができる」と考えるわけです。

健康である、すなわち正気が整った状態であれば、自然治癒力が引き出され、体の生理機能やバランスを正常に保持することができます。つまり正気というのは、自然治癒力のことであり、それこそが、免疫力のことでもあるのです。

そして、この正気を整えるためには、体の中の「虚実」「陰陽」「気・血・水」のバランスをとることがだいじだと、東洋（漢方）医学では考えます。

「気」とは気力の気、生命のエネルギーそのものです。「血《けつ》」は血液、「水《すい》」は体液（リンパ液）のことです。

このように、体を「調和のとれた状態」に整えるという視点は、じつは現代医学においてもだいじなことであって、免疫の調和をとることで病気を治せるのではないかという研究がなされています。

これはどういうことかというと、動物・植物自体の健康は、それ自身がもっている化学成分のバランスの上に成り立っているということです。

すべての植物は「薬の宝庫」

植物の成分には、「一次化合物」と「二次化合物」があります。

一次化合物というのは、炭水化物、たんぱく質、脂質の三大栄養素、それにビタミンなど、基本の栄養素のことです。

一方の二次化合物とは、植物の中に含まれている、いわば「自分自身の体を守るための自前の薬」ともいうべきものです。

植物には人間や動物にとって毒になる成分も含まれているわけですが、それ自体は、植物が自分の身を守るためのもの。それを人間は「薬」といったり、「毒」といったりしているのにすぎません。

つまり、人間や動物にとって毒になる成分も、植物には自分の身を守るための成分であるということです。極端な話、犬に食べられたくないから、みずからに毒を盛ってそれを退けるといった働きをするのが、二次化合物です。

驚くべきことに、植物の中には、この二次化合物が10万種類も存在している。いわば、植物それ自体が「薬の宝庫」になっているのです。

身近なところでは、日本茶に含まれる「カテキン」は、人間にとっては薬にもなる二次化合物。ガン予防にもなるということから、盛んに研究が進んでいます。

一方、同じ日本茶の成分の中でも、渋みをもたらす「タンニン」。これは、茶葉が若いときハマキガに食い尽くされないようにするもの。みずからの身を守るための毒になり、これも二次化合物です。

トマトの「リコピン」、ぶどうの「ポリフェノール」も、やはり植物の二次化合物です。

ポリフェノールのなかでも「レスベラトロール」という成分はとりわけ抗酸化作用に優れ、お肌の炎症を防いでくれるとあって、アンチエイジングの観点から、にわかに脚光を集めています。

きゅうりやレモンのスライスでお肌のパックをするとよいといわれるのも、それらの中に皮膚の炎症を抑えるポリフェノールが含まれているからです。

「玄米」の胚芽の部分は、ビタミン豊富な二次化合物ですが、精米した「白米」は、ほとんど炭水化物が主体の一次化合物になります。

かつて、日本人が玄米を主食にしていた時代においては、みそ汁におしんこ程度の食事でも栄養失調になることはありませんでした。それが江戸時代の中期になって、玄米を精米した白米を食べるようになると、にわかに脚気の患者が増え、〝江戸患い〟といわれました。

これは、玄米を精米する過程で糠部分を捨ててしまったために、ビタミンB_1が欠如したことによって起こったものです。

また、当時の玄米には含まれていたもので、いまの玄米には含まれなくなってしまったものに「キチン」があります。

かつての田んぼでは、えびやかに、いなごやバッタなどの昆虫もさかんに繁殖。稲もそれらのえび、かに、ザリガニやいなご、バッタなどの昆虫類の死骸から溶け出したキチンを吸収していました。

けれども、農薬の使用によって、田んぼに生息していたそれらの生物は、いまではほとんど見られなくなっています。そのため、昨今の稲にはキチンの成分は、ほとんど含まれなくなってしまいました。

確かに農薬を使うことによって生産効率を上げることには成功しましたが、それと引き換えにして、貴重な二次化合物を失ってしまったといえるでしょう。

ここが現代社会における、一番の問題点です。つまり、何よりも科学技術が優先され、生産性が重視されている世の中にあっては、とにかく収穫量を上げて、利益を得ることがもっとも重要な課題となっています。

農薬や化学肥料を使う。遺伝子を組み換えての品種改良などが、自然の生態系や人間の体や健康にどういう悪影響を及ぼすのか。そうした視点が、すっぽりと抜け落ちているのです。

けれども、健康で持続できる社会をつくっていくためには、そろそろこのあたりで利益偏重の考え方を変えなければならないところに来ていることは明らかです。

中国の古典に学ぶ食べ物の知恵

食べ物の一次化合物、二次化合物の話に戻すと、人間にとって主要な栄養素は、食べ物の一次機能でまかなうことができます。しかし、体の調子を整える、元気にするといった生体調整機能は二次化合物の役割になります。

漢方では、こうした食べ物の生体調整機能を、「四気《しき》」「五味《ごみ》」「帰経《きけい》」の3つのカテゴリーに分けて考えます。

いまから2000年以上も昔、中国・漢の時代に、古代中国の医学と農耕の祖・神農《しんのう》によって書かれたとされる、現存する最古の薬学書『神農本草経』によると、「薬には『酸、苦、甘、辛、鹹《かん》』の五味があり、『寒、熱、温、涼』の四気がある」と記されています。

ちなみに神農は、地上のありとあらゆる草木を直接口に入れて、「これは食べていい草」、「これは薬」、「これは毒」と、みずからの舌で毒味。身をもって食用の植物と毒草の違い、自然界の毒を避ける術を人々に伝えたという伝説の人物。

『神農本草経』には、365種類もの生薬や食材についての記載が残っています。

同書によると、食べ物は、まず、身体を温めるのか冷ますのか（四気）で分けられます。それらはまた、酸味、苦味、甘味、辛味、鹹味（しょっぱさ。塩辛さ）といった五つの味の違い（五味）によって栄養も異なれば、それらを食べると体のどの部分に効くのか（帰経）ということも異なっているとあります。

以下、五味、四気、帰経について、簡単にまとめましたので、参考にしてください。

酸味：レモン、桃、トマト、なし。体を引き締め、出すぎるものを収め、体の中に留まらせる効果がある。寝汗、下痢、頻尿、早漏など。
苦味：たけのこ、レタス、ゴーヤ。消炎作用、解熱、解毒の作用。
甘味：じゃがいも、豆腐、うなぎ、はちみつ。滋養・強壮作用。体の衰えを補い、リラックス効果。他の食材の作用を中和。
辛味：ねぎ、しょうが、にんにく。発散、発汗、血や気のめぐりをよくする。
鹹味：のり、しじみ、昆布、かに。固くなっていたものを柔らかくして排出する。便通をよくしたり、しこりをなくす。

これら五味のほか、渋味（ぎんなん、パイナップルなど＝引き締める、出すぎるものを出ししぶらせる効果）、淡味（冬瓜、はとむぎ＝利尿作用）がありますが、漢方のみならず、薬膳でも、五味のバランスで食材を選ぶのが一般的です。

食品の機能と「健康食品・漢方生薬」の働き

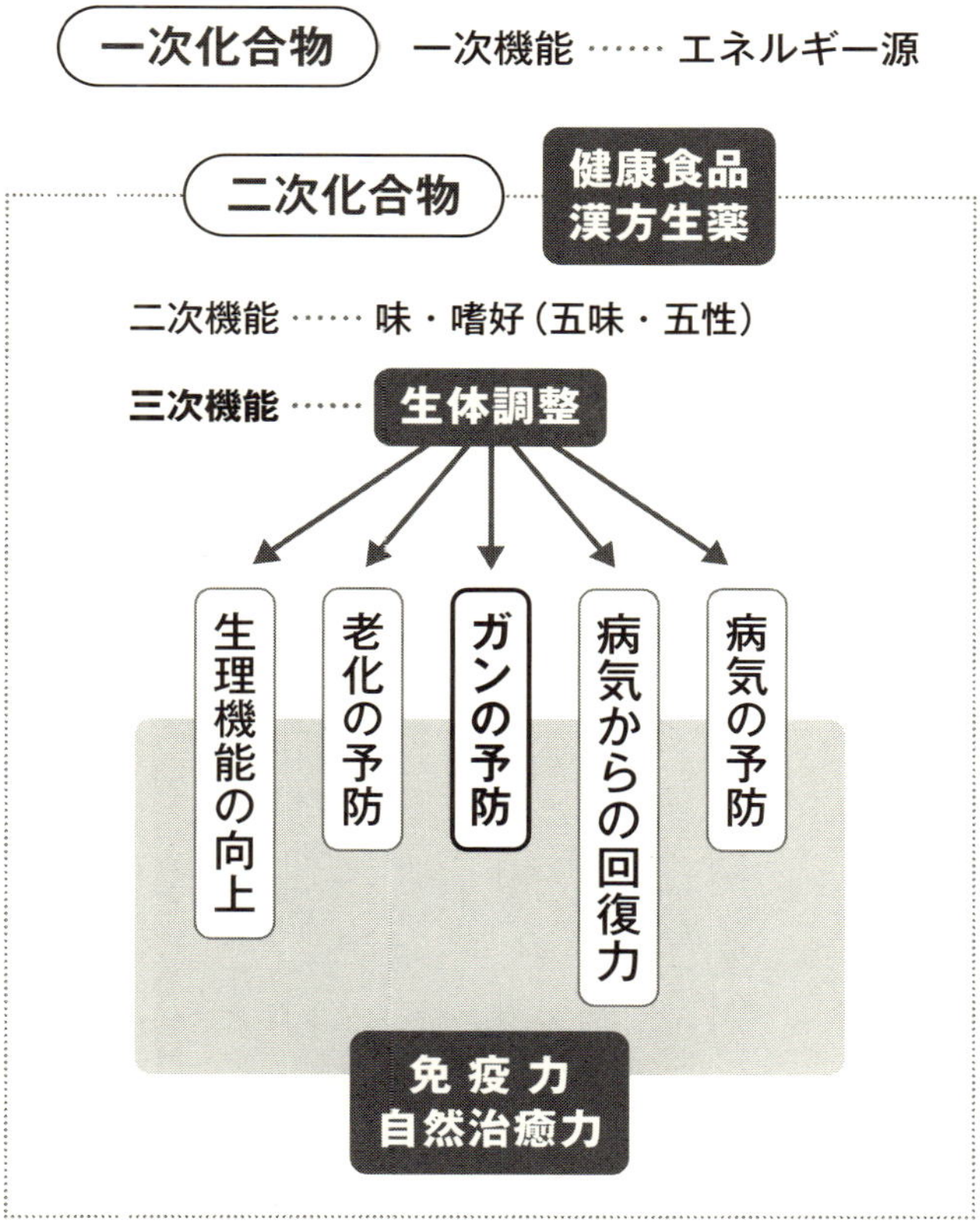

● 人間にとって「毒」にも「薬」にもなるのが二次化合物。

この五味というのは、東洋の基本的な考え方である「陰陽五行」に基づくもの。宇宙や自然、人間の体といったものも含めて、すべてのものの本質には「陰」と「陽」があり、さらに5つの要素「五行（木・火・土・金・水）」があるとして、陰陽と五行のバランスを整えることが、何においても大切だと考えるわけです。

また、食べ物には、味の五行＝五味だけでなく、色の五行もあります。

青・赤・黄・白・黒がそれで、たとえば、ほうれん草の緑（青）、トマトやクコの赤、ウコンやギンナンの黄、大根や豆腐の白、ごまやしいたけの黒といったように、五色をそろえると、見た目にも美しく、栄養のバランスもとれたものになります。

四気は、「四性」ともいわれ、食材が体内に入ったときに、体を温めるか冷ますかを表しています。程度によって、「寒」「涼」「温」「熱」の4つに分類し、寒にも熱にも属さない穏やかな食性を「平性」として、「五気」とする場合もあります。

寒性・涼性：冬瓜、はとむぎ、緑豆、ウコン、豆腐、セロリ、なす、きゅうり、トマト、にがうり、ごぼう、大根、白菜、ほうれん草、れんこん、あさり、しじみ、かに、わかめ、バナナ、すいか、なし、柿、そば、緑茶、塩、白砂糖

など
体を冷やし、体内の余分な熱をとり、便通をよくしたり、鎮静作用も。

温性・熱性：しょうが、ねぎ、しそ、紅花、シナモン、唐辛子、こしょう、さんしょう、にんにく、玉ねぎ、らっきょう、にら、かぼちゃ、かぶ、菜の花、羊肉、鶏肉、まぐろ、さけ、えび、栗、桃、紅茶、もち米、酒、ワイン、黒砂糖など
体を温め、気や血液の流れをよくして、新陳代謝を高める。

平性：黒ごま、山いも、クコの実、梅、うるち米、大豆、じゃがいも、さつまいも、里いも、きくらげ、しいたけ、キャベツ、卵、牛肉、すずき、ピーナッツ、梅、いちご、ぶどう、りんご、すもも、いちじく、はちみつ、氷砂糖など
体を冷やしたり、温めすぎたりしない。穏やかな性質で、虚弱体質や病後、子どもや老人などにもおすすめ。

体質に合った食べ物をとる

このように、「食べ物こそ最高の薬」であると考え、健康を増進することを目的とする薬膳では、それぞれの体質に合ったものを食べるようにすすめています。

たとえば、「温」の性質である玉ねぎは冷え症の人によく、「涼」の性質のなすはのぼせ症の人には合っています。しかし、トマトやきゅうり、レタスなどをサラダやジュースにしてとるのは、冷え症の「陰」の女性にとっては、まったく逆効果。

ダイエットをする際にも、体質を見極めることはたいせつです。

新陳代謝のよい「陽」体質の人は、食事制限をすれば痩せることができます。けれども、冷え性など「陰」体質の人は、代謝が悪いので、食事制限をしても効果が出にくい。「陰」性タイプの人は、唐がらしや大根など、「温・熱」の食事をとって、新陳代謝をよくするとよいでしょう。

現代人は、一年中、冷蔵庫で冷やしたものを食べ、夏はクーラーをきかせてつねに体を冷やしています。そのため、いわゆる「冷え性」が増えています。

漢方医学では、冷え性は、体質としてはよくないとみなし、漢方では、「虚証」といって、元気のない、抵抗力のない状態をいいます。冷え性の人が風邪をひきやすく下痢をしやすいのは、体質が弱く、免疫力が弱いためです。

こうした体質の改善には、冷たいものを食べないなどの食養生と、ストレスをためずに元気を補うためにも、リクレーションやリラクゼーションとしてのスポーツや、音楽などの趣味をもつこと、また気功術や太極拳、ヨガ、座禅、マッサージなども有効です。

ちなみに体を温める「陽」の食べ物としては、しょうが、わさび、からし、唐がらしなどのスパイス系のものや、ねぎ、玉ねぎ、にら、にんにくなどのねぎ類がよいとされています。冷たいビールは冷え症のもとですから、控えましょう。

食材と体の関係を表す「帰経」

中国には「病従口入＝病は口から入る」ということわざがあります。肝・心・脾・肺・腎の「五臓」にとってバランスのよい食事をすることが生きる基本と考えて、食をとてもだいじにしているのです。

それぞれの食材には、どの部位や臓器に関係が深いかを示す「帰経」というものがあります。

ひとつの食材がひとつの帰経の場合もあれば、いくつもの帰経をもつものも多くあります。

- 「肝」に帰経する食材：あさり、しじみ、カキ、いか、レバー、菊花、クコの実、セロリ、せり、トマト、きんかんなど。
  血液を貯蔵したり、脂肪の代謝や解毒をする以外にも、血液や気のめぐりをスムーズにし、消化促進をうながす作用も。生理痛、自律神経系にも関連が深い。イライラや怒り、ストレスによって下痢や便秘になったりも。
- 「心」に帰経する食材：小麦、なつめ、竜眼肉、はすの実、ゆり根、卵、ゴーヤ、冬瓜、茶葉、ウコンなど。
  心臓のように血液を全身に運ぶ働き以外に、血や気をめぐらせ、意識や精神の安定にも関連。機能が低下するとドキドキや息切れ、不整脈、もの忘れが激しくなったりする。

舌や顔色に変化が出やすく、心の機能が不調になるとツヤがなくなったり赤くなったり、睡眠不足が続いたりすると舌先が赤くなったりする。

●「脾」に帰経する食材：うるち米、長いも、さつまいも、かぼちゃ、キャベツ、しいたけ、鶏肉、かつお、大豆など。

胃の機能を助けて食物を消化吸収しながら、血液や気のもとをつくり、全身に栄養を送る働きがある。水分代謝にもかかわるので、脾の機能が悪くなるとむくみや下痢などの症状も、出やすくなる。

消化吸収する力が衰えると、筋肉や口、くちびるに変化が出やすく、脾の機能がよければ食欲もあり、くちびるにもツヤが出て元気が全身にみなぎる。

●「肺」に帰経する食材：しそ、しょうが、はとむぎ、松の実、ぎんなん、白菜、くるみ、玉ねぎ、れんこん、大根、なしなど。

呼吸や水分代謝だけでなく、皮膚のバリア機能や免疫力にも深く関係がある。肺の機能が低下すると肌にうるおいがなくなったり、アトピーや花粉症などのアレルギー疾患を起こしやすくなったり、風邪をひきやすくなる。

鼻や粘膜にも関連があるので、肺の調子が悪くなると鼻水や鼻づまり、嗅覚の異常やのどの痛みを起こす。

•「腎」に帰経する食材：黒ごま、クコの実、長いも、すっぽん、なまこ、羊肉、うなぎ、くるみ、えび、にら、栗、ぶどうなど。

腎は泌尿器系だけでなく、生命力を蓄える機能があり、人の成長発育や、老化、ホルモンの分泌にもつながっている。各臓腑の機能を促進する作用もあり、体を温めたり血液の生成にも携わる。

腎は筋力の衰えや腰のトラブル、骨の異常にも関連が深く、腎の機能が低下すると足腰が弱くなったり、骨折や歯が抜けるなどする。

このように、五臓はお互いの働きを促進したり、抑制しながら活動していますので、五臓の機能をバランスよく保つことが、健康のためにはとてもたいせつです。

一般的に、「酸味」は肝、「苦味」は心、「甘味」は脾、「辛味」は肺、「鹹味」は腎に入りやすいとされ、適度にその味を用いるとその臓器の働きを補うとされます。

第5章

日々口にする食べ物のもつ「薬効」を利用する

病気になる人、ならない人の差

梅雨どきから涼しくなる秋口になるまで、夏の盛りには「食中毒」が多く発生します。

急な吐き気や下痢、腹痛など、確かに症状は食中毒によく似ているのですが、実際には、食中毒ではなく、ウイルス性胃腸炎のケースが非常に多い。それが、いわゆる「夏風邪」といわれるもので、寝冷えなどもそれにあたります。

また、「インフルエンザ」は、冬の病気だと思われがちですが、じつはインフルエンザ・ウイルスは一年中、存在しています。

ただ、ウイルスは高温多湿の夏が苦手で、気温が下がり空気の乾燥する秋から冬になると、がぜん活躍しだすのです。

逆に人間のほうは、気温が下がるとともに体が冷えてくる秋から冬にかけての時季には、抵抗力も下がってきます。

夏に胃腸炎を起こすのも、冷たいものを食べたり、クーラーによって体を冷やし、胃腸の抵抗力がダウン。ウイルスに対する抵抗力が弱まって、胃腸炎にかかるケースが多くなるのと同じことです。

病気というのは、体の抵抗力が弱くなっているところに発生しやすいものです。野生動物に食中毒などがみられないのも、彼らの胃腸は消化力も免疫力も非常に頑強だからです。だから、少しばかり腐敗しているようなものを食べても、お腹をこわしたりしません。

それに比べ、人類は100万年以上も前から火を使って料理をするようになったために、少しずつ消化力が低下し、病原菌に対する抵抗力も弱まっています。

さらに、現代の科学技術が発達した文明社会においては、家畜の飼育や魚の養殖にも抗生物質を用い、食べ物を長期保存するために防腐剤を多用しています。

また、とくにわが国においては、近年ますます「細菌は敵だ」の声が拡大。社会全体が「清潔ノイローゼ」になったかのように、滅菌、除菌、殺菌のための抗菌化学物質を開発して、あらゆるところにまき散らしています。

しかし、そのために、いまの日本人は細菌に対する抵抗力が非常に弱くなっているのです。

高齢者や幼い子どもが、O‐157による腸管出血性大腸炎によって命を落とすケースが見られますが、これも免疫力の低下と関係があります。

同じ学校の給食を食べて、発病する子としない子がいるのは「体質」や「免疫力」の強弱です。すなわち胃腸の強い、免疫力の強い子は、発病には至りません。菌に感染しても、必ずしも全員が発病するわけではないのです。

体質や免疫力の強さに、おおいに関係しているわけです。

19世紀末、病原菌が病気の原因であることが発見されたとき、免疫細胞の発見者であるロシア生まれの医学者・メチニコフは、生体には「マクロファージ」という免疫細胞があるのだから、菌に感染しても、すべての人が発病するわけではないと、当時から主張していました。

それに対して現代医学は、「原因である病原菌を撲滅することが、最大の治療医学である」という考えのもとに、発展を続けてきたのです。

O‐157は、「感染症」タイプのもので、体内で増殖した大腸菌が「ベロ毒素」という猛毒を出し、赤血球を破壊。そのため、ヘモグロビンが腎臓にたまって尿毒症をひき起こし、生命を脅かしてしまうことも起こります。

けれども、大腸菌というのは、古来より人類とともに共生してきたもので、もともとはそれほど毒性の強い菌ではありませんでした。

そこに「ベロ毒素」のような猛毒を生み出す遺伝子が移入してしまったのは、われわれ人類が菌を敵視し、抗生物質や消毒薬などを多用して菌を絶滅しようとした結果にほかなりません。

太古の昔から地球上で人類とともに生きてきた生き物を、人間の勝手な都合でなくしてしまおうとした「報い」ともいえるでしょう。

食中毒にならないために、人間は昔からさまざまな工夫をしてきました。

生ものにあたらないように、寿司の「しゃり」は酢飯にし、殺菌力の強い笹の葉の上に置いて、しょうが（ガリ）やわさびと一緒に食してきたのはこのためです。

こうした「自然の力を生かした知恵」を忘れ、科学の力で菌を抑えつけようとしたために、免疫力も自然治癒力も落ちているのが現代人です。菌との共生を忘れたために、菌の逆襲にあっているといってもいいでしょう。

安売りの旬の食べ物が体にいいわけ

真夏になると、夏バテや日射病、熱中症などにかかる人が増えますが、これは人間が「恒温動物」であることと関係しています。

恒温動物というのは、体温をつねに一定に保ちながら生存していますが、爬虫類や両生類、魚類などは、環境に合わせて体温が変化する「変温動物」です。そのため、これらの動物たちは寒い季節になると活動性が鈍くなり、冬眠状態に入ります。

生命活動において、環境の影響を多大に受ける変温動物から、人間のように、生命に必要な新陳代謝を環境の影響を受けずに維持できるようになった恒温動物に進化したということは、動物の進化史上、じつに画期的な変貌だったといえましょう。

これにより動物の運動神経は飛躍的に発達し、さらには知能の発達へとつながる原動力ともなったわけです。

しかし、その一方で、恒温動物は、たとえば人間の場合、36度Cから37度Cに体温を保てないと、ただちに具合が悪くなってしまうという事態に陥ります。

熱中症とは、気温の上昇に伴って体温も上昇、生理機能を失調してしまったケースで、人間は体温が42度Cを超えると死に至ります。その逆に、低体温になっても意識がなくなり、28度C以下になると、非常に危険な状態になります。だるさや食欲不振などをまねく夏バテも、暑さのために体調が狂ってしまった状態です。

人間の臓器の中でも、とくに暑さに弱いのは、脳、心臓、肝臓です。脳は血流も多く、新陳代謝も激しいので、「頭寒足熱」といわれるように、冷やしたほうが機能は向上します。興奮してわれをなくしているような人に、「頭を冷やして、よく考えなさい」と言いますが、これはその意味でも理にかなっています。

心臓も、暑さにはたいへん弱い臓器です。漢方医学では、古来より夏は心臓を病む季節であり、心臓がのぼせないように、〝陰〟を補う食べ物をとるようにすすめています。

また、夏になると暑さで食欲がなくなる人が多いのは、胃腸の機能をつかさどっている肝臓が「のぼせてしまう」ためです。

肝臓も心臓と同じようにのぼせに弱いので、「陰」を補うことが大切なのです。

日本は四季の変化に恵まれた国です。暑さ寒さといった季節の移り変わりに、うまく順応していくには、季節に合った「旬の食べ物」をいただくのがよいとされています。大量に出まわるから、値段も安い。

たとえば、草木が芽吹く春は、人間の体も、「陽気」ともいうべき「元気」が高まっていく時季です。

春先の暖かくなる頃にだるさを感じたり、めまいになる人もいますが、それは、「暑さ負け」に近いような状態。「陽」が強くなっていく春から夏にかけては、体を冷やすようなものを食べるのがよいとされます。

春の山菜は、苦味がおいしいものですが、苦味は体を冷やす「陰」のもの。春から夏にかけては、山菜や香りの強い緑の葉物野菜を、たくさん食べるようにするとよいでしょう。

その逆に、秋から冬にかけての「陰」になる季節には、肺が弱くなって風邪をひきやすくなります。「陽」＝体が元気になるもの、体が温まるものを食べるとよいですね。

肺によくて、体を温めてくれるものといえば、やはり唐がらしとかにんにくが、一番です。

暑い夏には「陰」を補う

前述したように、中国古来の哲学である「陰陽五行」説によると、夏は「陽」で「火」の性質をもつ季節です。

なんといっても、この季節には暑さと自然界における植物のたくましい成長が見られることが特徴です。こうした自然界における「陽」のエネルギーの充満は、必ずしも人間にとっては、快適なものばかりではありません。

食生活にも、夏ならではの工夫が必要です。

まず、夏は入梅の頃から胃腸が弱くなってくるので、消化のいいものを食べるようにします。そして、暑い盛りには心臓に負担がかかってきますから、冷えるものを食べるとよいでしょう。

ポイントは、漢方でいうところの「補陰養心」です。食べるものによって体内の陰を補い、心臓の機能を高めるのです。

夏の野菜であるなす、トマト、きゅうり、冬瓜、すいかなどは、どれも体を冷やす食材。こうした寒性・涼性のものがおすすめです。

また、心臓を養うのは、「五味」でいうところの「苦」。すなわち苦味のあるものが、心臓に働きかけて熱を下げ、炎症を抑えます。

ふきやたらの芽といった山菜類、ゆり根、ゴーヤ、ごぼう、たけのこなどがそれで、また、緑茶やプーアール茶、コーヒーも「苦」の味のものです。

血色がよく、陽気で声が大きい、体力が十分あって、食欲も旺盛。熱いものや冷たいものなど極端なものを好み、かなり冷房が効いているところにいても、支障が起きないといったような人は陽タイプ。「陰」を補うことによって、夏バテの予防になります。


けれども、こうした食養生のセオリーも、いまでは、多少、時流に合わないところも出ています。なにしろ、食養のルーツは2000〜3000年も昔に遡ります。

冬の野菜は、体を温めるものがよい。冬に食べられる果物の、りんごやみかんも体を温めるといったことは、現在でもあてはまります。

しかし、たとえば夏には体を冷やす野菜や果物がいいといっても、冷房などがなかった時代の話です。現代社会では、クーラーの普及によって、夏でも冷え性の人がとても増えていますから、そのあたりは自分の体調をよく見極めていきましょう。すいかやメロンなど、熱帯産のものは全部、体を冷やすもので、夏に食べるといいとされてきました。ゴーヤも同様で、もともとは沖縄などの暑い地方で食べられていたものです。

それを、いまでは関東あたりでもゴーヤを作って売っていますが、本来、北海道でゴーヤを食べたりしたら、具合が悪くなってしまうはずです。でも、そんなことは、誰も言いませんね。

ゴーヤは本来、沖縄のようなアルカリ性の強い土壌の畑で作るから、食べてもおいしいものができるのです。しかし、関東のように酸性の強い土壌では、栄養度が高くて味も苦くなりすぎます。

ワインにも、同様のことがいえます。

日本で、どう醸造技術を磨いてワインを造っても、フランス産やイタリア産などのような味にならないのは、国土全体が火山帯に覆われたこの国では、酸性に傾いた土壌がほとんどだからです。

珊瑚礁が固まった石灰岩が地勢となっているヨーロッパでは、ほとんどの地域の土壌はアルカリ性が優勢です。そのために、まろやかな味のワインができるのだと考えられます。

石塚左玄や桜沢如一《ゆきかず》によって基礎がつくられた「食養」には、その土地でとれたものを食べるという「身土不二《しんどふじ》」という思想があります。それには、このように正当な理由があるわけです。

キムチを欠かせない韓国の食卓

日本では、韓国や中国などに比べると、それほど「薬膳」の考え方が根づいていないように見えるのは、穏やかな気候風土のところが多いということもあるのでしょう。

私の父の故郷、韓国は、日本に比べて寒暖の差が激しく、気候風土も厳しいところが多い。そのせいか、日本に比べると、薬膳的な考え方が深く浸透しています。

たとえば、韓国では、みなさんご存じのキムチをよく食べます。秋から3月頃まで、盛んに食べられるのは、冬に不足がちになるビタミンCを白菜から補給するためと、唐がらしの「陽」で体を温めるためです。

ビタミンCは、免疫力を上げて風邪の予防にもなるもの。日本でも、冬には、みかんをたくさん食べて、ビタミンCを補うのと同じです。

韓国のキムチには、唐がらしを大量に使います。

日本と韓国では、気候風土も違いますから、同じ唐がらしといっても、ずいぶん異なったものになります。

「鷹の爪」といわれる日本の唐がらしは、どちらかというと辛味だけが強調されています。しかし、韓国のものはピーマンを引きのばしたような形をしていて、その種を抜き、皮だけを粉にして使います。したがって、日本の唐がらしの半分ほども辛くない。

これは、ビタミンCとAが豊富でうまみにもなり、調味料として最高です。

韓国のキムチには、具材も10種類以上入れ、りんごの汁、煮干しのだし汁、塩辛なども一緒に混ぜ込むことによって、乳酸発酵した汁まで全部いただきます。

唐がらしの一次化合物の成分である「ビタミンA・C」は、ガンの予防にも役立ちますし、世界の漬物の中でも、これほど栄養に富んだ優れた健康食品はないでしょう。

人間の体は、酸性に傾くと健康を保つことができません。食物繊維が豊富なアルカリ性の発酵食品を食べていれば、お通じもよくなって「毒おろし」にもなります。自分の体が酸性かアルカリ性かわからないという人は、便の色が黄色であればアルカリ性だと判断できます。

韓国では、とにかく冬の間、キムチを食べていれば、風邪をひかないといわれ、伝統食として、いまも受け継がれています。

日本でも、いまやたくわんの消費量を抜いて、キムチのほうがよく食べられているそうです。これには「伝統食をだいじにする」という点で、いささか疑問がないわけでもありませんが……。

日本では、体を温めるという意味もあって、冬には辛い鍋などをよく食べますね。そして、夏にはあっさりした冷たいそうめんなどを好む傾向があります。

でも、ほんとうは、夏こそ唐がらしなどの辛いものを食べて食欲を刺激して新陳代謝の促進をはかり、暑さに負けない体をつくるのがいいのです。

インドやアフリカ、中南米など、赤道付近の暑い国では、どこも辛い香辛料をたっぷり使った料理を食べているでしょう?

韓国出身の私の父も、夏にはカルビ肉と大根を入れて煮込んだスープをよく作ってくれたものです。汗をかきながらあつあつの大根カルビスープに、たっぷりの唐がらしを入れて食べるのが、わが家の夏の風物詩でした。

日本では冬の料理になるそうしたスープも、日本よりも自然環境が厳しい韓国では、夏の暑気払いにはかっこうの一品に。厳しい自然の中でもサバイバルしていける強い体を養っていたわけです。

漢方療法的には、こうした「逆療法」というのは、冬にもみられます。たとえば、韓国では、冬にオンドルで温めた暖かい部屋で、氷を浮かべた冷麺をよく食べます。これは、あえて体に「寒さ」を与えることで発熱させ、強くするという発想なのです。

日本では、冷麺は夏の食べ物ですから、気候風土の違いによる発想の違いには、興味深いものがあります。

人間の体というのは、このように考えていくと、ただ甘やかせばいいかというと、けっしてそんなことでもない。

暑いときに熱い料理を食べるというのもそうですが、ほかに健康法として知られているものには、乾布摩擦や風呂上がりに冷たい水をざばっとかぶるといったようなことも、体を甘やかすということとは逆のことです。

いわば「ショック療法」というか、そうした刺激を受けることによって、かえって体のほうは活性化する。元気が湧いてくるから、ふしぎなものです。

日本大学医学部付属板橋病院の脳外科では、頭の外傷や脳卒中などによって救急で運ばれてきた患者さんの体を、ある一定時間冷やしておいてから治療することで、治癒率をアップしていることが知られています。

冷やすことによって、低体温、低酸素の状態におかれた傷を起こしている細胞たちを、先祖返りさせる。すなわち、iPS細胞に戻してくれるというわけです。

急性の炎症を起こしている時期、たとえば出血しているとき、体の中ではものすごい勢いで免疫反応が起こっています。その免疫反応を起こす副作用が「活性酸素」だったり、白血球のもっている「たんぱく分解酵素」です。

そこで、それらをいったん冷やすことによって、勢いを鎮めてあげるのです。

ある時間を経てから、今度は、徐々に温度を上げていったほうが治りがよくなるというわけです。

体温と健康との関係でいうと、ガンは低体温、低酸素がその発生原因だという話を先にしましたね。それを逆手にとった、温めることによる「温熱療法」というものが効果を上げて、保険でも認められるようになっています。温めてあげることで、ガン細胞が棲みにくくなるわけです。

このように、体を温めたり冷やしたりするということも、人間の健康を増進させるうえでは、だいじな要素になっているようです。

とはいえ、何でも逆療法がいいかというと、それも程度問題です。

子どものときには、なるべく薄着にして抵抗力を上げるようにするのはいいことですが、高齢者の場合は自覚している以上に冷え性になっています。薄着はせずに、なるべく冷やさないようにしましょう。

また、夏に辛いものを食べて食欲が喚起されるのは、若くて体力がある人のこと。胃腸の働きが弱っている場合は、消化のいいものを食べるようにしましょう。

かつて、するめいかや干しいもなどがおやつになっていた時代には、食事全般が、いまよりも硬いものを噛むのはあたりまえのことでした。それが、戦後、歯科の医師たちが硬いものを食べるから歯が悪くなると言いだした。

そのため、最近の子どもたちは小さい頃から柔らかいものばかり食べさせられたせいか、顎の骨があまり発達していない子が目立つようになっています。

人間の体は甘やかしてばかりいては、ダメになってしまうということはいえそうです。

韓国料理は、そのまま薬膳料理

日本では、戦後食文化が肉食中心になってきたこともあって、韓国料理の焼肉料理が、かなり浸透しています。とくに最近では韓流ブームも手伝って、焼肉レストランの人気は上々のようです。

日本では、韓国料理というと、そうした焼肉が中心になりますが、それは氷山の一角であって、本来の韓国料理というものは、じつは焼肉は料理全体の十分の一程度にすぎません。

韓国も日本と同様、新鮮な山の幸、海の幸が豊富です。本場の韓国料理は、日本人が思っている以上に、あらゆる食材を利用してバラエティに富んだ、いわば「薬膳料理」ともいえるものです。

韓国料理が薬膳料理であるといわれる中でも最高の逸品が、「蔘鶏湯《さむげたん》」でしょう。「蔘鶏湯」とは、ひな鶏の内臓をお尻から抜き出し、腹腔にもち米、朝鮮人参、栗、なつめ、松の実、にんにくなどを生のまま詰め込み、紐で縛ったものを、脂をすくい取りながら、薄い塩味で3時間ほどグツグツ煮込んだ料理です。

体力の落ちている人、疲労の強い人、病み上がりの人の滋養強壮剤として最適で、韓国料理、中国料理における伝統的な薬膳の料理です。

効能としては、まず一番に、鶏肉が内臓を温めて傷を治し、肺の働きを助け、女性の生理不順を調えたりする働きがあります。

さらに、朝鮮人参は漢方薬としてもよく知られています。他のもち米、栗、なつめ、松の実、にんにくなどにも滋養強壮作用があり、文字どおり最高の薬膳料理となっています。

中でも朝鮮人参は、「未病の薬」といわれ、はっきりとした病気になる前、あるいは病気のごく初期の段階に生体のバランスを回復したり、免疫力を高めたりする作用や、消化機能を改善し、代謝を促進することで体力を増進する働きもあります。

ほかにも解毒作用や精神を安定させる作用、糖尿病を抑える作用などもあり、さらには腫瘍を抑える働きもあることがわかっています。

このように、さまざまな効能がある朝鮮人参は、数ある漢方生薬のなかでも「上薬中の上薬」だといえるでしょう。

日本において、民間療法以外には漢方療法しかなかった時代、天然痘の治療には

「人参湯」（人参、朮《じゅつ》、乾姜《かんきょう》、甘草）が、労咳《ろうがい》といわれた肺結核には「独参湯《どくさんとう》」（人参単独）が服用されてきました。

現代のような抗生物質をはじめとした化学療法が発見されるまでは、伝染病の治療に、免疫力、自然治癒力を高める朝鮮人参が大活躍していたのです。

現代医学は、伝染病のような病原菌の存在する疾患に対してはたいへん有効な医療ですが、現在問題になっている生活習慣病に対しては限界が見えています。

そこで、現代医学に替わるものとして、かつてないほど「代替医療」が注目されてきており、その一つが漢方薬だというわけです。

韓民族の伝統的医学では、世界三大健康食品といわれる、にんにく、ごま、朝鮮人参、さらには唐がらし、霊芝《れいし》（サルノコシカケ）がとくに珍重されてきましたが、こうした時代になって、いま再び出番が回ってきているといえるでしょう。

ガンも食べ物で予防できる

何度も述べてきましたが、私の専門は「予防医学」です。つまり、どうしたら病気にならない体になることができるか、ということを外来の患者さんを診ながら、日夜、研究を続けています。

そうした中で、私は開業した初期の頃から、薬剤師であり漢方医でもあるスタッフの協力のもと、漢方薬の処方もしていました。

「西洋医薬（新薬）だけでなく、漢方薬や、ときには健康食品の力も借りて、健康をサポートしていくのがベター」というのが私の考え方です。

そのようにして病気を予防し、病気からの快復を助ける。ガンの予防、老化の予防など、全身の生体調整機能を整えることが、健康へのカギとなります。

そのためにはどうしたらいいかというと、最終的には、すべて食べ物の話に行きつくのだと私は考えています。

自然治癒力を強化し、免疫力を高めてくれる成分を含むものを食べることが、生体調整機能を整えるための必須条件になるからです。

ここから極論していけば、つまり、食べ物によって生体調整機能を強化できるのなら、それがガン予防にもつながるといえるわけです。

実際、同様のことは、すでにアメリカ国立がん研究所が、食べ物でガンが予防できるという、次のような調査結果を発表しています。

「デザイナーフーズ」のピラミッド

● パースニップやタラゴン（仏語でエストラゴン）、エンバケなどの新顔野菜も、少しずつ日本でも使われるようになっている。

ここにあげられた36種類の野菜や果物は「デザイナーフーズ」と命名され、健康維持のためには不可欠であり、ひいてはガンの発症率を低減させるとあって、世界的に注目を集めています。

この表の、ピラミッド上部にあるものほど、ガン抑制効果が高いとされています。上位にあるキャベツや甘草、ターメリック、にんにくは、ガンのリスクを減らす優れた機能食品で、これらの食品を積極的に食べることによって、免疫力をアップ。ガンだけでなく、生活習慣病の予防にもつながります。

もちろんガン予防には、これらデザイナーフーズの野菜や果物に限らず、ふだんから他の野菜や果物も、できるだけたくさん食べるほうがよいのはいうまでもありません。

スイーツの代わりに季節の果物を、お酒のつまみに揚げ物やスナック菓子ではなくて、枝豆やそら豆、スティック野菜を食べるように心がけるだけでも、食生活はずいぶんと変わります。

こうしたデザイナーフーズの研究は日本でも行われています。

たとえば、ブロッコリーは、「フィトケミカル」が豊富なことで知られています。

最近では、東大の薬学部の先生が、ブロッコリーの中から取り出した「ブロリコ」という成分が免疫力を上げるということを正式に学会で発表し、それをもとにしたサプリメントなども商品化されています。

フィトケミカルとは、野菜や果物の皮や茎の部分に多く含まれる色素や苦味、辛味、香り成分で、ビタミンやミネラル、食物繊維とは異なる植物性の化学物質のことです。

東洋には、皮や茎や根も取り除かずに、丸ごといただくことによって全体のバランスがとれると考える「一物全体」という思想が古くからあります。

植物も魚も、生き物はそれ全部で一つの小さな宇宙のようなものだから、全体を丸ごといただくことによって、バランスのとれた栄養になると考えるわけです。

大根やにんじんであれば、皮ごと、葉つきのままいただく。魚も頭から尾まで、内臓も骨も丸ごといただきます。

とくに野菜や果物の皮には、フィトケミカルが豊富に含まれていますから、皮つきのまま丸ごと食べることによって、それらの栄養をくまなく取り込むことができます。

トマトの「リコピン」、ぶどうの「ポリフェノール」、ブルーベリーの「アントシアニン」など、みなさんもその健康に優れた作用を耳にしたことがあるはずです。

こうした自然界の薬効成分の中で、とくに私が注目しているのが、かにの甲羅から抽出される「キチン・キトサン」です。

古代から重用されてきた「キチン・キトサン」

前述しましたが、みなさんもサルノコシカケ=霊芝というのを聞いたことがあるでしょう。

古代中国の時代から、前出の『神農本草経』においても、命を養う「延命の霊薬」として記載された霊芝には、幅広い薬能があるといわれ、発見者はこれを採取して皇帝に献上することが義務づけられていたほど。

不老長寿の妙薬を、遠く日本にまで求めたといわれる秦の始皇帝のもとにも届けられていたといいます。

そうした霊芝には、さまざまな「多糖類（β《ベータ》グルカン、キチンなど）」や「テルペノイド」などの二次化合物が豊富で、これらが抗腫瘍作用をもたらすといわれています。

この成分・キチンは、かにの甲羅、昆虫の殻などに含まれている「キチン」と同じです。

「βグルカン」は前出のブロッコリーをはじめ、アガリクスや霊芝といったきのこ類や海藻類などに含まれる成分で、ＮＫ細胞を活性化する働きがあることが知られています。

これを摂取することによって、ガンの予防やガン細胞の増殖を抑制するといった効果が期待されているのです。

意外なことにβグルカンの歴史は古く、１９４０年代から研究が行われていました。米国でパン酵母から抽出された「ザイモサン＝レンチナン」という物質が、βグルカンの始まりです。

その後、１９６０年代にβグルカンという名前で呼ばれるようになったのですが、当時から、βグルカンはガン細胞の縮小に効果があるという、研究結果が発表されていました。

その後も、βグルカンについては、さまざまな研究が進み、現在では免疫力をアップするとうたわれる多くの健康食品に含まれています。

βグルカンを多く含むものとしては、主にきのこ類（アガリクス、霊芝、はなびらたけ、めしまこぶ、まいたけ、かばのあなたけ、しいたけ）、酵母類（パン酵母、黒酵母、オーツ麦、大麦）、藻類（昆布・もずく・わかめ）があります。

βグルカンが身体に与える効果には、「腸内で免疫系を刺激する」ということがあります。

その結果、免疫力が上がり、免疫力が低下することによって起こるさまざまな不調が改善されるのではないか。

また、同じく免疫力がアップすることによって、ガン細胞を攻撃する力も強くなり、ガン細胞が増えるのを抑制、進行を遅らせることができるのではないか。

そうした、さまざまな期待がもたれています。

ここに挙げたもののほか、かにの甲羅から抽出するキチン・キトサンにも、免疫力アップ、抗ガン効果が認められています。

私が漢方医学に期待するとともに、健康食品にも興味をもついちばんの理由は、最良の薬は自然が与えてくれるもので、けっして人が科学的、技術的に作ったものではないと思うからです。

野菜に豊富に含まれる「食物繊維」は健康維持のために役立つので、たくさん食べるようにするといいということは、みなさんもあちこちで聞いて知っているでしょう。

なぜ野菜の中の食物繊維が健康にいいのかというと、コレステロール＝脂肪を落としてくれるので、肥満の予防になる。腸内の善玉菌を増やしてくれるので、腸を元気にしてくれる。大腸ガンの予防になる、ということがいわれています。

平均的なアメリカ人は肉食を好み、野菜も果物もあまり食べません。大腸ガンが多いというのも、なるほど野菜嫌いによるものなのでしょう。

アメリカ人に比べると、日本人に大腸ガンが少ないのは、食物繊維の豊富な和食のおかげです。その代わりに胃ガンが多いのは、熱いものや塩辛いものの刺激と、アルコール飲料の飲みすぎが原因。そして、満腹するまで食べるという習慣のためです。

この食物繊維には、動物性のものと植物性のものがあるということまでご存じの方は、あまりいらっしゃらないのではないでしょうか。

厚生労働省も「食物繊維を食べるように」とさかんにすすめていますが、動物性か植物性かということまでは言及していません。

動物性と植物性の違いは何かというと、植物性の食物繊維はマイナスイオンを帯びていて、動物性の食物繊維はプラスイオンを帯びているという点です。それぞれプラスとマイナスではくっつく相手が違ってきます。

人体の表面は、皮膚であれ細胞膜であれ、マイナスイオンを帯びています。自然界においては、プラスはマイナス、マイナスはプラスにくっつくという法則があります。つまり、マイナスイオンを帯びている植物性の食物繊維は、人体にくっつかないということになります。

そして、じつは、プラスイオンを帯びた天然の動物性の食物繊維というのは、かにやえび、昆虫の甲羅に含まれるキチンだけなのです。

この「キチン」の研究は、200年程前、フランス人がきのこから発見したことに遡ります。

日本では1989年にキチン・キトサンの研究会が発足。もともとは廃棄物として大量に捨てられているかにの甲羅の有効な使い道はないかということから、国が研究費用を出したのが、その始まりでした。

23年前、北海道の病院にソ連（当時）から大やけどをした少年が運ばれてきて、患部に人工の皮膚としてキチン・キトサンが使われ、回復したという話は、当時、ニュースでも大きく取り上げられました。

キトサンを人工的に膜にして、傷に貼りつけると傷の治りがよくなる。化膿も防げるということで、現在でも多くの手術でそうした使われ方をしています。

この人工膜は傷の治りが早く、取り去らなくても膜が自然に体内で溶けるため、患者の負担も少なくてすみます。

最終章

医療にお金をかけずに「健康長寿」をまっとうする

自然の法則に従った生き方が一番

本書で一貫して述べてきたのは、本来、人間も野生動物と同様に、自然の法則に従って生きるのがいちばんよいということです。

新鮮な空気を吸って、清浄な水を飲み、海や山の恵みである食べ物から栄養を摂る。本来、その中にしか健康を守るものはないのだと私は考えています。

何度もいいますが、野生の動物には、ガンも糖尿病もありません。

もちろん、人間にしても、この700万年の歴史の中で、西洋医学的な薬が登場したのは、せいぜいこの100年くらいの話です。大衆薬などなくても、健康に生きてこられたわけです。

いまは高度に文明が発達し、24時間電気を使うことができ、深夜遅くまで働いたり、遊んだり、飲んだり食べたりしています。そればかりか、夏野菜を冬に食べるのも当たり前といったように、季節はずれの食材を一年じゅう食べることができる。そうして、冷蔵庫で冷やしたものを食べすぎて体をこわすこともあるほどです。

それが、現代の誤った食生活です。

野生の動物では、そういうわけにはいきません。日の出とともに起き、食べ物を必死に捜しあるき、日が暮れればねぐらに帰って寝るだけです。

食べるものは季節によってまったく変わりますし、熊などは、食べ物がない冬には冬眠します。それが自然のリズムに則った、動物の生き方です。

野生動物が自然の一部であるように、本来、人間も自然の一部であるはずです。けれども、現代人は、もはや完全にそうした自然のリズムに反した、不自然な生活が当たり前のことになっています。そのことが、体内環境を破壊する最大の原因になっているのです。

健康ということを考えるなら、自然に沿った生き方をすることがもっとも重要なカギになります。

食生活は、まず「自然のものを自然に、旬のものをいただく」ということが基本。食べ物には、前述したように、陰陽や五行など、それぞれ性質があり、人間の体質もそれぞれ異なっています。

そこでだいじになるのは、そのマッチングです。何をどのように組み合わせるか、その人の体質にもよるし、季節や気候風土によっても変わってきます。

そうしたことを体系化したのが、「漢方医学の食養生」です。

陰性体質の人が陰性の食べ物を食べすぎてしまうと、体をこわします。冷え性の人は冷えるものを食べてはいけない、体を温めるものを食べるといった、その根本に立ち返ることです。

四季や年齢、体調に合わせて食べるのが、「薬膳」の根本的な考えです。

いかに自然に則った生き方をしていくか、ということがこれからの人類の大きなテーマになっていくのではないでしょうか。

命を養う食べ物をとる

そう考えると、自分ではとても獲ることができない南洋のまぐろを食べたり、牛を追いかけて捕まえることもできない人間が、ぶ厚いステーキに舌鼓を打つのも、自然に反したことだといえるでしょう。

もし牛肉を食べたければ、牛を追いかけて、自分で捕まえて食べるのならよいですが、捕まえることもできない人間がそれを食べるのは、やはり不自然なことなのです。

本来、食べるものは、みずからが畑を耕して育てたり、山や川で、自分の手の届く範囲のものをとってくるのが基本でした。それが現代では、何も自分の体を使わずにじっと座ったままでいても、お金さえ払えば、どんな山海の珍味も食べられるようになっている。

そうしたいまの世の中のあり方のほうがおかしいのだと、そこに気づいている人は、あまりいないのではないでしょうか。

「肉は体にあまりよくない」といわれるのは、いま、私たちが普段スーパーなどで買ってくる牛や豚、鶏の肉は、たいてい人工的な環境のもとで育てられているものだからです。

牛が食べるほとんどのエサには、抗生剤や殺虫剤、ホルモン剤などの化学物質が入っています。

また、野生のいのししと、いのししを食用に改良した豚とでは、人間の体に及ぼす影響がまったくといっていいほど違ってきます。野生のいのししは、体を温めてくれるので、体の弱い人が食べれば薬になりますが、人工的に養豚された豚は体を冷やす食べ物になってしまう。

同様に、天然のはちみつは「薬」ですが、精製した白砂糖は「毒」になります。つまり、加工したり人工的に手を加えたものほど、自然から遠ざかり健康を害するものになるのです。

塩も同様です。海水や岩塩からとった自然塩は「薬」になりますが、工場生産の塩化ナトリウムは摂りすぎれば「毒」になります。

油にも「いい油」と「悪い油」があります。エキストラバージンのオリーブオイルは抗酸化作用がある油として、ヘルシー志向の人はよく食べていますね。

体に悪いものというのは、結局は、体に炎症を起こさせるものです。

肉よりも魚を食べたほうがよいといわれるのは、魚の脂肪は、血管の中でも固まりにくい善玉の脂肪だからです。不飽和脂肪酸の魚の脂肪に含まれるDHAやEPAは、悪玉コレステロールを減らして動脈硬化や高血圧症を予防、炎症反応を抑制します。

けれども、こうした不飽和脂肪酸も、熱を加えると酸化しやすいという欠点があります。揚げ物は、なるべく時間をおかずに食べるようにして、天ぷらの油は使いまわしをやめましょう。酸化した油は食べてはいけません。

同じ不飽和脂肪酸の中でも、植物油に水素を付加して固めたマーガリンに含まれる「トランス脂肪酸」は、血管の中で固まりやすいことがわかっています。悪玉コレステロールを増加させて、心臓病や認知症、脳卒中のリスクを高めることから、2003年以降は、使用を制限する国も増えています。

トランス脂肪酸を含むマーガリンやショートニングは、スイーツやファストフードに多く使用されていますから、そうした食品も控えたいものです。

油には、古くなるとどんどん酸化していくという性質があります。多少高くついても、大瓶のものではなく、小瓶のものを短期間で使いきっていくほうが、酸化は免れます。

スイーツやファストフードを食べすぎてメタボになった体をダイエットするために、お金を払ってスポーツクラブで運動するなどというのは、まさに「愚の骨頂」です。

そんなことをするくらいなら、山登りやハイキングをするほうがよほどよい。森の空気が、われわれに元気を与えてくれ、文字どおり「正しく生きる気」、〝正気〟

を活性化してくれるからです。

木という植物は、生命の源です。「フィトンチッド」という化学物質が、元気のもとになる「気」を与えてくれます。海もそうです。われわれの生命は、海水から生まれました。

山も海も、自然の生命。命の源がそこでは息づいている。まさに「気」が充実している場所なんですね。

だから、海や山など自然へ行くと、ストレスでくたくたになっていた人間も生き返ったようになるのです。


さらに、人間も自然の生き物である以上、太陽が必要です。

ですから、夏の日照が少ない北欧の人たちが、夏休みには必ずといっていいほど南の島でバカンスを過ごすのには、ちゃんとまっとうな理由があるわけです。日光に当たらないとビタミンDが合成されなくて、くる病の原因となることはよく知られているでしょう。

炭火焼きのお肉はおいしいといわれますが、これも同じ理屈です。電気調理器などで料理したものには、「気」が入っていません。

魚の開きにしても、太陽のエネルギーが入っている天日干しがよろしい。電熱器などで乾燥させたものはおいしくないですね。これは、太陽エネルギーが、魚のたんぱく質を分解して「ポリアミン」という物質が出てくる化学変化を起こさせるためです。

天日乾しによって、たんぱく質の成分が変性し、味がよくなり、それが栄養にもなるわけですが、このポリアミンがガンの予防やアレルギーの治療によいという研究もされています。

漢方では、植物やきのこは生で食べるよりも、天日干しにして乾燥させたもののほうが薬効が高いということはよく知られています。

つまり、漢方薬には、自然の太陽エネルギーのパワー（気）が、入っているのですね。

みずからのガン克服で学んだこと

中国発祥の漢方学者は、漢方薬の成分の効能を、「エビデンス」をとって科学的に証明したり分析することもなく、経験的に、「これは肝臓にいい」とか、「これは血圧を下げる」というやり方をしています。そのため、世界から立ち遅れているように見られている面もあります。

とはいえ、「効能」というのは神様が与えてくださったものであって、もともとわれわれ以前のすべての生物は医者もなく、薬もない世界でもやってこられたという歴史があります。

「自然に帰る」という意味では、現在のような分析的で、物質的に証明されたものだけを尊ぶ科学万能主義に対して、じつは私も違和感をもっています。

それは、現代医学をすべて否定しているということではけっしてありません。そうではなく、あくまで現代医学も一つの方法であって、病気を含め、生命とか健康というものを、すべて解き明かせるものではないだろうと考えているのです。

多くの医師は、「医学は科学だ」という。エビデンスがないものには非常に懐疑的です。

でも私は、たとえば、100人に一人でも、「これを食べてガンが治った」という実例があれば、「何が治したのか」、「なぜ治ったのか」と研究するのが、ほんとうの意味での科学だと思っています。

けれども実際には、たとえば、100人のうち80人に効いたといえばエビデンスとして認められますが、100人のうち、一人だけが治ったというものに対しては、「それは例外だから、効果があるとは認められない」と切り捨ててしまう。

それが科学だというのは、おかしいのではないでしょうか。

いまは「経験の医学」、「臨床の医学」といったことが、非常に軽んじられていて、医者もコンピューターの画面ばかりに目を向け、患者の顔を見ながら診察をすることが、ほとんどなくなっていると聞きます。

でも、そんなのは、医療としては、絶対に間違いだと思うのです。

何度もいうように、「病は気から」という部分が非常に大きい。心をどこまで支えてあげるかというのが医療であって、ほんとうの意味での「ケア」になります。

ガンの末期、緩和病棟に入って、「自由に、好きなようにしていいですよ」、と言われても、いったいどうすればいいのでしょう？

私の知人は、ある国立の大病院の緩和病棟に入ったけれども、主治医が一日に1回、看護師さんが2、3回、薬剤師が1回部屋に来るだけ。大きな部屋を与えられ、好きにしてもいいと言われて、途方にくれてしまったそうです。

結局、「とてもじゃないけど、あんなところで一人で静かにしていられない」といって、家に帰り、自宅で最期を迎えました。

ガンというのは、精神のありようが実際の病状を大きく左右するものです。いつまでもあれこれ心配しているようでは、絶対にダメなんですね。

自分はこれこれの治療をやったから大丈夫なのだという、気持ちのうえで、「勝算」をもたなければダメなのです。

僕は医者ですから、自分がガンにかかったとき、「この程度のガンであれば、自分で治せる」と、ある程度は予測もついていました。

だから、自分がガンの手術を受けるときにも、「あぁ、この手術を受けたら、ガンから解放されるのだ」と思って、ニコニコしながら手術室へ入っていくことができたのです。

「いったい手術をして治るんだろうか」とか、「もしかしたら手術中に死ぬのかな？」

などと思っているだけで、ストレスになってしまいます。

ところが、そう言っている私にしても、じつは最初の手術から1年後、ガンが肝臓に転移、再発してしまったのです。

それは、私の主治医が、実際よりも病状を軽めに私に伝えていたからなんですね。カルテにも実際よりも病状を軽めに書いてあったものですから、私としては、これなら手術で治ると信じて疑わず、術後に抗ガン剤を飲むのも断っていたほどです。

だから、二度目の手術のあとには、主治医に「1年間、気休めのつもりでもいいから、抗ガン剤を飲むように」とすすめられ、今度は素直に聞き入れました。ただし、あくまで1年間の期限つきでしたけれど。

サプリメントの併用が命を救ってくれた

そうした二度目のガン手術ののち、「先生のような方が飲むといいんですよ」と、ある患者さんから、「キチン・キトサン」の健康食品、いわゆるサプリメントをすすめられました。

「キトサン」というのは、かにの甲羅から抽出したものですが、その成分は、いわゆるサルノコシカケ＝霊芝というきのこに入っている「キチン」と同じです。

私には、漢方の知識がありましたから、確かに秦の始皇帝以来、「不老長寿の妙薬」として飲まれてきたものだから、ガンにも効く可能性があるだろうということはすぐに理解できました。

そこで飲みはじめてみたところ、以来、20年以上、ガンは再発することなく、おかげさまで元気に現役の医者を続けています。

あとで聞いたところによると、家族も含め、まわりはみな、「もうダメだろう」と思っていたとのこと。私が現場復帰したときには、誰もが「信じられない！」といった顔をしていました。

私が所属する日本キチン・キトサン学会は、もともとこのキチン・キトサンを研究する目的で１９８９年に発足。そこでも、キチン・キトサン、キチンオリゴ糖やキトサンオリゴ糖が、自然免疫系、獲得免疫系の両方を活性化し、病気に対する抵抗力を高め、傷ついたときの回復力を高めるということが、徐々に解明されてきています。

このメカニズムをかいつまんで説明すると、キチン・キトサン、キチンオリゴ糖やキトサンオリゴ糖を摂取すると、マクロファージが刺激され、「ＩＬ-１（インターロイキン１）」というサイトカインが分泌され、「リンパ球よ、働け！」という指令が出されます。

このマクロファージが刺激されると、インターフェロン活性が高まり、ウイルスが細胞に侵入・増殖するのを防いでくれる。だから、風邪をひいたときにも、キチンオリゴ糖を摂取すると治りやすいわけです。

「インターフェロン」は、ガンの治療にも使われていることは知られていますね。キチン・キトサンおよびそのオリゴ糖がとくにすぐれているのは、自然免疫系のマクロファージやＮＫ細胞を活性化するとともに、マクロファージや樹状細胞を介して獲得免疫系であるＴ細胞、Ｂ細胞をも活性化する点です。

また、キチン・キトサンを経口摂取すると、腸内細菌に働くことがわかっています。ビフィズス菌などの腸内有用菌のエサとなり、有用菌を増殖させるのです。

腸内に有用菌が増えることによって、腸管の免疫機能も高まります。たとえばキチン・キトサンは「Ｉｇ-Ｅ抗体（アレルギー抗体）」の産生を抑制する効果があることが、動物実験により証明されています。

体内環境の破壊が、いちばんダイレクトに現れるのが、免疫系です。

治療効果を臨床の現場で確かめる

こうしたキチン・キトサンの効果を自分でも実感した私は、クリニックの患者さんにも、このサプリメントや抽出物を飲んでもらうことにしました。

すると、実際、ガンが消えたり、膠原病、うつ病、尋常性乾癬《かんせん》など、さまざまな症状に有効だという臨床データを集めることができました。

これまで私が学会で発表した最新データより、その一部を、ここにご紹介します。

ケース1　肝ガン　1928年生まれ　女性

発病と経過　2006年12月、血液検査で慢性C型肝炎、腹部CT検査で多発性の肝細胞ガンと診断された。ガン病変が広範囲なため、治療不能と診断され、キチンオリゴ糖含有健康栄養ドリンクの単独服用を開始。

ケース2　肝ガン　１９３７年生まれ　男性

発病と経過　２００６年４月、ＣＴ検査にて、直径15センチの肝細胞ガンと診断された。ＨＣＶ抗体（－）、ＨＢＳ抗原（－）、ＨＢＳ抗体（＋）、ＨＢｃ抗体（＋）、ＨＢｅ抗原（－）ＨＢｅ抗体（＋）で、Ｂ型肝炎の既往ありと診断された。

肝ガンは巨大で、現代医学的治療の適応はないと診断され、積極的な治療は断念。キチンオリゴ糖含有健康栄養ドリンクの単独服用を開始。

ケース3　肝ガン　１９４１年生まれ　男性

発病と経過　２００７年７月、ＣＴ検査で、肝細胞ガンと診断。下大静脈に接しているため、手術不能で、抗ガン剤動注法を勧められたが、８月よりキチンオリゴ糖の単独服用を開始。

ケース4　肝ガン　１９４３年生まれ　女性

発病と経過　２００９年５月、ＣＴ、ＭＲＩ検査にて肝右葉を占拠する直径18×15センチの肝細胞ガンと診断された。ＨＣＶ抗体（－）、ＨＢＳ抗原（＋）であり、Ｂ型肝炎由来の肝細胞ガンだと診断された。この時点で、右第７肋骨への転移を認めた。

門脈は、右本幹の途絶があり、手術は適応外と診断され、キチンオリゴ糖含有健康栄養ドリンクの服用を開始。抗ガン剤治療も合わせて行う。２０１１年１月より、キチンオリゴ糖の服用は中断。

これら４つのケースは、キチンオリゴ糖を服用し、ガンが明らかに改善した肝ガンの症例です。

研究に用いたキチンオリゴ糖は、キチンオリゴ糖原末（１－６糖の混合物で、キチン６糖含有率は１・４パーセント）、またはこれの20グラム／１００ミリリットルを含有する健康栄養補助ドリンク剤である。臨床検査は、血液一般、血液生化学検査、腫瘍マーカー、ＣＴ、ＰＥＴなどを施行。

結果　ケース１とケース３は、慢性Ｃ型肝炎に罹患し、ケース２はＢ型肝炎の既往があり、ケース４は、慢性Ｂ型肝炎罹患患者。

全ケースとも疾病発見時、肝細胞ガンで、手術不能と診断され、本人並びに家族の同意で、キチンオリゴ糖服用を開始。

キチンオリゴ糖を服用して期待できる効果

CR＝完全消退　PR＝部分消退　PD＝進行

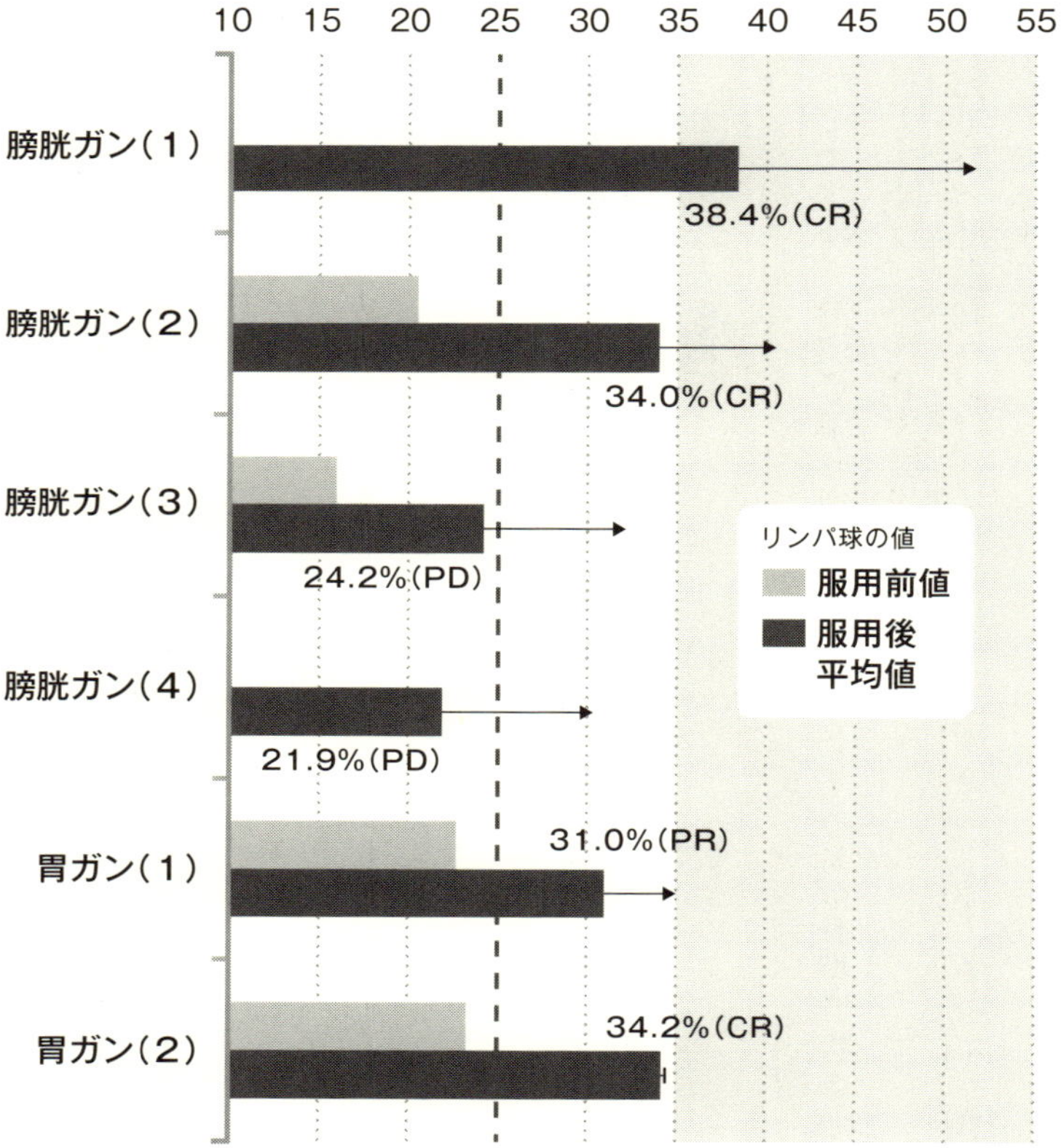

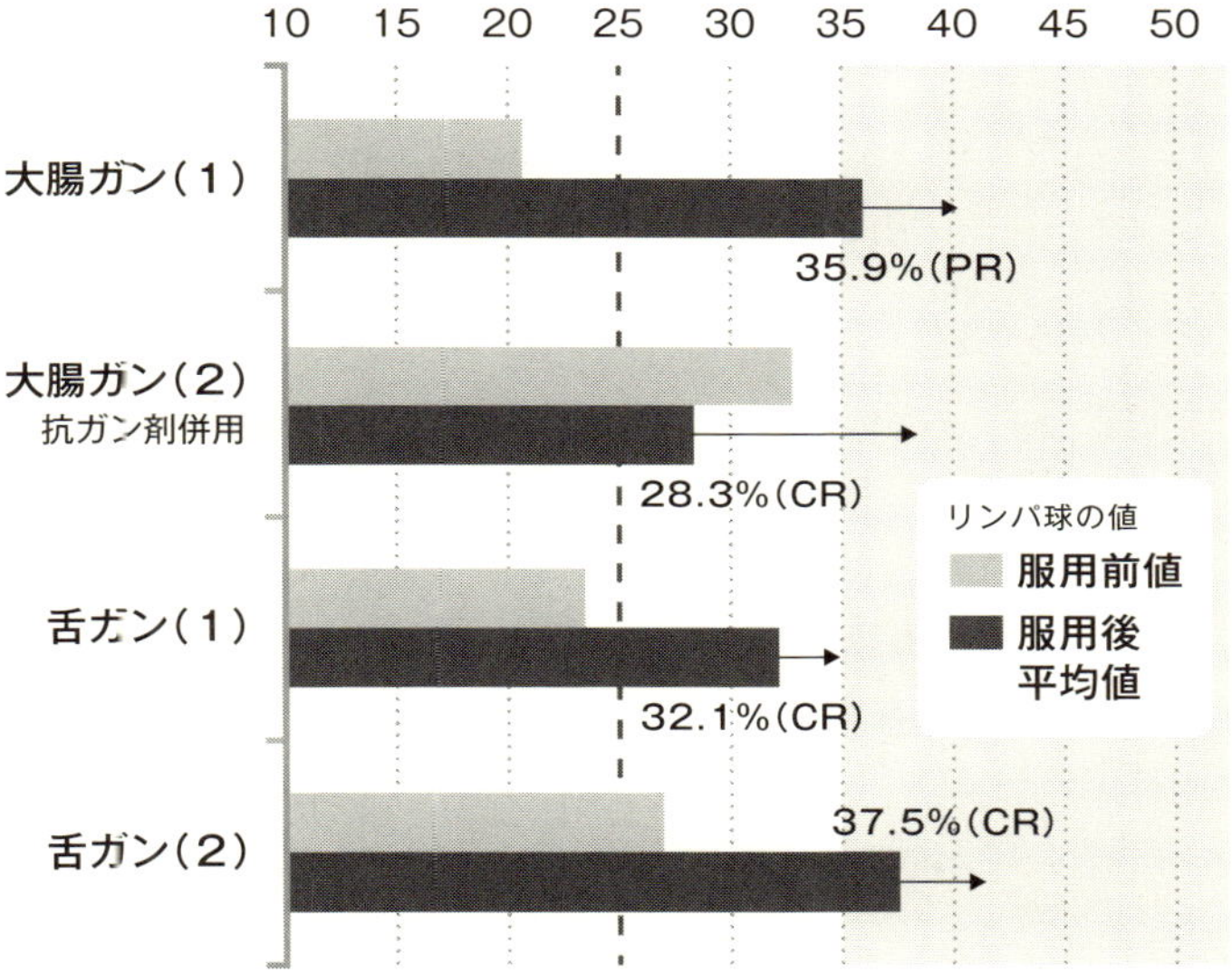

● キチンオリゴ糖を服用し、
リンパ球の平均値が上昇するほど、
ガン消退効果は高くなる。

ケース1は42か月、ケース2は、6か月後に、完全消退を達成し、それぞれ56か月、64か月後も完全消退。ケース3は、49か月後に、AFP（腫瘍マーカー）は、10・5まで低下したが、肝硬変による肝不全で死亡。

ケース4は、キチンオリゴ糖服用開始時はAFPは82200で、90グラム／日服用して、1年後には、21170まで低下。その後、70グラム／日に減量して4か月後には、38805、40グラム／日に減量して、4か月後には65140、服用中止して3か月後には、108280に上昇した。

腫瘍径も服用開始時18センチが、1年後には、13センチにまで縮小したが、27か月後には、20センチまで拡大した。

考察　これらの研究から、キチンオリゴ糖がガン患者の樹状細胞に働き、NKT細胞（仮説）を介して、Th1／Th17免疫バランスの改善に働き、その結果、腫瘍の縮小、消退をきたした可能性が推測される。

これまで、糖質系サプリメントが動物、ヒトいずれの肝ガンにも有効例は知られていない。今後、さらに症例蓄積を続行する。（第24回　日本バイオセラピィ学会口頭発表より　2011年12月）

これら肝ガンのほか、翌年、第25回の同学会では、膀胱ガン4例中、完全消退2例、進行2例。胃ガン3例中、完全消退1例、部分消退1例、進行1例。大腸ガン3例中、完全消退2例、部分消退1例、舌ガン2例中2例とも完全消退の臨床データを発表することができました。

最大服用量は、75グラム／日（オリゴ糖原末）及び、500ミリリットル／日（ドリンク剤）であった。

臨床検査は、血液一般、血液生化学検査、腫瘍マーカー、CT、PET、胃内視鏡、大腸内視鏡などを試行。

心の病まで癒してくれる「キトサン」

経済の高度成長に伴って、日本の免疫疾患の患者は急増。「心の病」といわれる精神疾患も、免疫の異常と関係があると考えられます。

いわゆる「キレやすい子ども」が増えています。

酒井和夫先生という精神科の医師が、300人のすぐにキレる子どもにキトサンを飲ませて治療したところ、登校拒否、家庭内暴力、拒食症などが、80～１００パーセントよくなったというデータが出ています。

心を病んでいた子どもが、キトサンを使うことによって気持ちがプラス志向になり、健康を取り戻したというのですね。

最近は、いじめによって自殺までしてしまう子どもさんもいますが、そんなことは私たちの時代には、ありえなかった話です。昔の子どもはもっとたくましかった。少々、いじめられたところで、やられたらやり返したり、親もそれで何か文句を言うこともありませんでした。

けれども、現代のいわゆるすぐにキレてしまう子どもたちは、体も心もひ弱で、この世の中で生きていくのに適応するのがたいへん困難になっている。それで非常に苦しんでいるわけですね。

ところが、そうしたケースにキトサンを使うと、心身ともに健康を回復して、ちゃんと学校にも通えるようになるのです。

これは、ほんの一例です。

このように、もともとは自然界の恵みであるかにの甲羅に含まれる成分の中にも、それを人間が摂取することによって、免疫力、自然治癒力を高める働きをもち、さらには免疫反応系にも優れた働きをするものがあるのです。

自然界には、まだまだこうした人間の健康にとって有用な物質が隠れている可能性があると思われます。私たち人間は、そうしたものをありがたく利用させていただきながら、自然と共生する方法を、これからはさらに模索していかなければならないのではないでしょうか。

ここまで見てきたように、「植物や動物など、自然界の中に薬がある」と2500年も前から説いているのが漢方医学です。

しつこいようですが、現代の日本においては、薬事法によって、食べ物を薬だとうたってはいけないことになっています。ですから、食べ物（食品）で病気が治るといってはいけないわけです。

食べ物を扱うのは農林水産省、薬は薬事法によって厚生労働省の管轄になり、扱う省庁も異なります。

その多くが、植物（＝食べ物）から作られている漢方薬はどうなるのかというと、これは、厚労省によって「薬」として認められています。

では、その漢方生薬は何でできているのかというと、そのほとんどは、じつは私たちが普通に口にすることができる動・植物が中心になっています。

ですから、「食べ物の効能」をうたってもいいのではないかと思われるところもあるのですが、とにかく、ある食べ物には、これこれの効能があると言ってはいけないことになっている。それがいまの日本の現状です。

だから、私がすすめるキチン・キトサンのサプリメントも「薬」ではなく、「健康食品」の扱いとなっているわけです。

「長寿」と「健康」をかえって安く実現

本書の各所で言及しましたが、現代医学は、「病気を見つけてやっつける」、「病気を撲滅する」と考えます。しかし、それは大きな間違いです。

いまやロボットが人間に代わって手術をする時代になっているほどで、そうした現代医療は、当然ながらたいへんお金がかかるものです。

進化した治療を受けるためには、ものすごく費用がかかります。しかも、患者さんの数も、減るどころではなくて、増える一方です。

ここに、現代の病の、構造的な問題があるのではないでしょうか。

日本人の三大疾患である「ガン」「心筋梗塞」「脳卒中」それにこの40年間で約3万人から800万人に増加した糖尿病も含めて、すべて「生活習慣病」といわれるものです（それに糖尿病予備軍を含めると、日本の場合、約2000万人が糖尿病になるそうです）。

これはいったい何を示唆しているのかというと、ひとことでいえば、戦後、われわれの生き方が間違っていたということに行き着くのだと思うのです。

現代病とは、人間の文化文明がつくり出した副作用、副産物です。

ですから、生き方そのものをあらためなければ、国民皆保健制度など、早晩、成り立たなくなるでしょう。国民皆保険制度を敷いている国は、世界で日本だけです。

医療費が増大する背景には、生活習慣病が増え、病人が増えつづけているということがあります。

その一方で、少子高齢化が進んでいくという社会的な宿命もあります。高齢者が多くなれば、当然、医療が必要になってきます。

それと歩みを同じくして、科学技術は進化。医療の技術がどんどん高くなってくるのに伴い費用も上がります。

いま、ガンになって最先端の抗ガン剤治療をするとなれば、1か月に100万円ほどがかかります。もちろん本人の負担は3割で、残りは国が医療費として負担するわけですが……。患者数が増えるのと医療費が高くなるのは、正比例しています。


多くの人たちが治療に大金を費やすくらいなら、多少は高くついても、無農薬で化学肥料を使わないオーガニックで安心できる食材をおいしくいただき、普段から、車や電車はなるべく使わず、できるだけ歩くように心がける。

毎日を明るく楽しく過ごし、食事ではなかなか補いきれない微量な栄養素を含む「キチン・キトサン」をはじめとする栄養補助食品をいただいて、心身のバランスを整える。

そのような暮らし方を実践することによって、結局は病気にかかることもなく、「安上がりに」健康で幸せな生涯を送れることになる。私は、そう信じて疑いません。

◉参考図書

『漢方ダイエット』丁宗鐵その他著、NHK出版［編］、1995年
『こころと体の対話』神庭重信著、文春新書、1999年
『ガンを退治するキラー細胞の秘密』伊丹仁朗著、講談社、1999年
『キトサンクリニック――現代病〝治療〟への挑戦』韓啓司著、2000年
『韓国食生活史』姜仁姫著・玄順恵訳、藤原書店、2000年
『動物たちの自然健康法』シンディ・エンジェル著、羽田節子訳、紀伊国屋書店、2003年
『生命40億年全史』リチャード・フォーティ著、渡辺政隆訳、草思社、2003年
『免疫革命』安保徹著・講談社インターナショナル、2003年
『癒食同源』監修／早崎知幸・花輪壽彦・北里研究所東洋医学総合研究所、
構成／ネイチャー・プロ編集室、角川書店、2003年
『希望のがん治療』斉藤道雄著、集英社新書、2004年
『ゲノムが語る生命』中村桂子著・集英社新書、2004年
『免疫力を高める生活』西原克成著、サンマーク出版、2006年
『生物と無生物のあいだ』福岡伸一著、講談社現代新書、2007年
『奇跡のリンゴ』石川拓治著、幻冬舎、2008年
『青魚を食べれば病気にならない』生田哲著、PHP新書、2012年
『樹状細胞＋ペプチドワクチン治療』星野泰三著、東邦出版、2012年
『9割の病気は食事で防げる』帯津良一著、中経文庫、2012年
『ゲノムが語る生命像』本庶佑著、講談社ブルーバックス、2013年
『漢方医学』渡辺賢治著、講談社選書メチエ、2013年

キチンオリゴ糖
単独服用ガン患者の効果

CR＝完全消退　PR＝部分消退
PD＝進行　PFS＝悪化することなく生存

症例	発症年齢	性別	治療期間	1日服用量	効果
肝細胞ガン（1）	79	女	6年	3.3～35g	CR
肝細胞ガン（2）	69	男	9年	3.3～110g	CR
肝細胞ガン（3）	66	男	40か月	20～100g	PR
肝細胞ガン（4）	67	女	19か月	40～100g	PR
膀胱ガン（1）	63	男	89か月	2.5～30g	CR
膀胱ガン（2）	66	男	54か月	30～75g	CR
膀胱ガン（3）	66	男	12か月	10～70g	PD

症例	発症年齢	性別	治療期間	1日服用量	効果
膀胱ガン(4)	61	男	5か月	23~50g	PD
膀胱ガン(5)	85	女	6か月	20~40g	CR
舌ガン(1)	39	男	18か月	3.3~60g	CR
舌ガン(白板症)	57	女	18か月	10~50g	CR
早期胃ガン	80	男	14か月	20~50g	CR
子宮頚ガン	71	女	66か月	3.3~60g	PFS
前立腺ガン	81	男	40か月	10~70g	PFS

● 抗ガン剤は服用せず、キチンオリゴ糖を投与した実例（2013年発表）。

キチンオリゴ糖
併用服用ガン患者の効果

CR＝完全消退　　PR＝部分消退
PD＝進行　　PFS＝悪化することなく生存

症例	発症年齢	性別	治療期間	1日服用量	効果
早期大腸ガン（1）	67	男	34か月	2.4～133g	CR
進行大腸ガン（2）	73	女	39か月	5～30g	CR
進行大腸ガン（3）	65	女	5か月	20～50g	CR
直腸ガン転移	50	女	26か月	50～75g	CR
胆管細胞ガン（1）	59	男	10年	1.5g	CR
胆管細胞ガン（2）	60	女	7年	10～20g	CR

症例	発症年齢	性別	治療期間	1日服用量	効果
膵ガン（1）	68	男	8か月	20～30g	PR
膵ガン（2）	71	女	6か月	10～30g	PR
肺ガン（1）	73	女	30か月	30～75g	PR
肺ガン（2）	71	女	3か月	50g	PR
進行胃ガン	78	女	8か月	50～100g	PR
乳ガン	70	女	5か月	50g	PR

● 抗ガン剤を服用しながらキチンオリゴ糖をも投与した実例（2013年発表）。

おわりに

前著『キトサンクリニック』を上梓したのは、2000年7月のことでした。その当時にはうまく説明できなかった、なぜキチン・キトサンが免疫力を活性化し自然治癒力を向上させるのかという謎が、近年、明らかにされてきました。

この10年間、免疫システムの研究は、急速に進歩しました。

とくに、自然免疫という動物の進化上、われわれ脊椎動物よりはるかに下等な動物にも機能している免疫機構が、その後脊椎動物が陸上生活をするように進化してから発生した獲得免疫という高度に進化した免疫機能を、根本的にコントロールしている機序の詳細が解明されつつあります。

その結果、免疫という生命維持機構の中で、その発端となる自然免疫のパターン認識分子として真菌（キノコなど）細胞壁などを構成するキチンの役割が解明されてきたのです。

本書においては、38億年前の生命の誕生に始まり、その後の長い生命進化史において、キチンという天然に存在するただ一つの動物性食物繊維が果たした重大な役割・免疫活性化作用について、最新情報に基づいて解説しました。
とりわけ、恵クリニックにおいて臨床研究してきた、キチンオリゴ糖の驚くべき臨床効果の一端をご紹介し、私の理想とするキチンオリゴ糖による究極の予防医学・先制医療の神髄について述べさせていただきました。

本書の出版にあたり、まず昭和大学医学部名誉教授・川上保雄先生に心より感謝申し上げます。

本文中に記しましたように、大学院での研究テーマとしてご指導いただきました「精神と免疫」や「腸内常在菌アレルギーに関する研究」は、現在でも医学研究において最先端のテーマであると著者は感じております。

さらに、本文でご紹介した臨床研究に協力していただいた、キチンオリゴ糖を服用し、臨床検査成績をご提供いただいた、多くの患者さん、ご家族のみなさまに心より感謝申し上げます。

そして、なによりもキチン・キトサン研究のきっかけをつくってくださった関川康子姉に、深甚の謝意を表します。

なお、本書の出版を快く引き受けてくださった東洋出版の田辺修三社長、同社編集長の秋元麻希さん、編集を担当してくださった服部みゆきさん、梶原光政さんにも、心から御礼を申し上げます。

この本が、一人でも多くの方々に読んでいただけ、生涯にわたって医療に頼らない、健康な生活を送ってくださるための一助になることを願ってやみません。

著　者

韓 啓司（かん・けいじ）

1940年、東京都生まれ。医学博士。医療法人社団・恵《けい》クリニック院長。66年、昭和大学医学部卒業。72年、同大学院内科、免疫学修了。昭和大学医学部腎臓内科兼任講師なども経ながら、現職。

医療《いりょう》にお金《かね》をかけない生《い》き方《かた》

食《た》べ物《もの》と統合《とうごう》医療《いりょう》で「健康長寿《けんこうちょうじゅ》」を実現《じつげん》する

発行日　2013年10月25日　第1刷発行

著　者　韓《かん》 啓司《けいじ》

発行者　田辺修三

発行所　東洋出版株式会社

〒112-0014　東京都文京区関口1-23-6

電話　03-5261-1004（代）

振替　0110-2-175030

http://www.toyo-shuppan.com/

印　刷　日本ハイコム株式会社

製　本　株式会社国宝社

ISBN978-4-8096-7711-3

定価はカバーに表示してあります。